The

Bean

Seeker

The
Bean
Seeker

尋豆師

國際評審的中南美洲精品咖啡莊園報告書

許寶霖 著

The Bean Seeker

耗時12年、147個海關戳記、走訪1000家咖啡莊園，
這是尋豆師許寶霖最誠懇的測味筆記。

〔推薦序〕

伯樂相馬，寶霖尋豆，台灣飄香

《新版咖啡學：秘史、精品豆、北歐技法與烘培概論》作者韓懷宗

咖啡界耳熟能詳的三師：咖啡師、烘豆師和杯測師，其實不止，還有一個集合三師技藝，涉獵更廣、風險更高，而且鮮爲人知的尊銜，正潛移默化、影響精品咖啡的發展，那就是尋豆師（Green Coffee Buyer）。他是三師的合體，爲玩家或精品咖啡業，遠征各國莊園，上山入林，尋覓濃香奇豆，槍林彈雨在所不惜！

台中歐舍咖啡創辦人許寶霖，執業近十年後，於二○○二年首度踏上尋豆之旅，浪跡中南美洲各產豆國：尼加拉瓜、巴拿馬、瓜地馬拉、薩爾瓦多、墨西哥、宏都拉斯、哥斯大黎加、哥倫比亞和巴西，均見得到他身影。當然，非洲與亞洲產國，他也多次造訪，並將三大洲產地見聞，鉅細靡遺寫在歐舍咖啡的官方網頁，供消費者採買參考，爲精品咖啡的「可追溯性與透明性」立下典範。十多年來，他毫不藏私，提供第一手產地資訊，咖啡玩家受益匪淺。

一年多前，獲悉寶霖兄準備寫書了，我分外驚喜，日夜期盼他的大作早日面市。寶霖兄在字裡行間展露一位卓越盃咖啡競賽（CoE）知名國際評審，對咖啡地域之味、風土、氣候、後製和品種的敏銳觀察，以及他對農友辛勞的人文關懷，無不令人佩服。

本書聚焦中美洲產國，對於巴拿馬Geisha、尼加拉瓜JavaNica等有趣品種，以及瓜地馬拉知名莊園茵赫特（El Injerto）的命名由來，有正本清源的報導。每張圖片更值得細品玩味，看到他走訪尼加拉瓜墨松提的希望莊園，是在兩名手執AK-47士兵護衛下完成的，更感受到尋豆師命懸一線的風險。而寶霖兄竟然還露出招牌笑容，想必是情到深處，無恐懼吧！

這不禁讓我想到二〇〇一年應哥倫比亞外貿部之邀，參訪哥倫比亞咖啡生產者協會（FNC）以及首都波哥大附近莊園，看到山區產業道路，士兵持槍，百步一崗戒護，這裡不過是波哥大的郊區就如此緊張，如果到了南部精品咖啡大本營的Huila和Nariño，恐怕要開戰車護駕，難怪當時外貿部不讓我們去南部參觀。

當時就覺得尋豆師是藝高人膽大的「聖職」，絕非凡夫俗子能勝任。然而，寶霖兄年年進出危險產區，如履平地，他的咖啡之愛與咖啡勇氣，全台無人能及。

十多年來，寶霖兄走訪中美洲產豆國的知性見聞，集結爲《尋豆師》一書，爲精品咖啡添香助興，兩岸三地的玩家有福了！

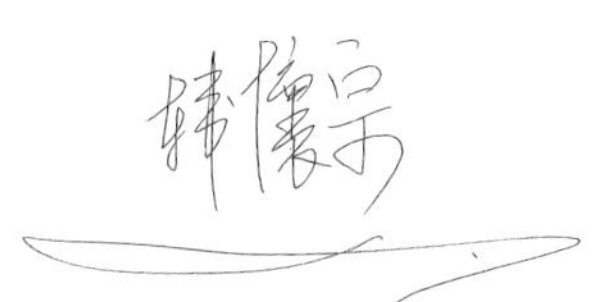

〔推薦序〕

發掘精品咖啡的絕妙風味

卓越咖啡組織創辦人兼執行長　蘇西・史賓德勒 Susie Spindler

卓越盃競賽（Cup of Excellence®）是世界上競爭最激烈的咖啡大賽。得獎的咖啡豆必須通過一共五個回合的杯測（不含樣品的初步篩選），每一輪測試都由杯測師團隊來評比把關。頂尖前十名甚至要經過上百次的評分之後，才能脫穎而出。

但卓越盃競賽的重點並不只是在於提供了哪些獎項，而是這個賽事對整個咖啡產業、特別是精品咖啡（Specialty Coffee）的深遠影響。卓越盃是獨一無二的咖啡競賽活動（包括首創的全球網路競標），不只大幅改善獲獎小咖啡農的收入，同時也重整了咖啡產業，讓更多咖啡農找到適合自己生產的咖啡豆，並且幫助更多採購商取得他們心目中的最佳咖啡豆。

在卓越盃問世之前，大多數咖啡豆都被混豆處理，不同咖啡豆本身的絕妙風味無法被突顯，風味的特色被淹沒在國家或地域名稱之中，當時並不會依據獨特品種，或者根據不同微型氣候生產出來的豆子來區分、單獨批次供貨，真正的好豆子往往就此被埋沒了。咖啡豆的風味複雜度是如此的不可思議，每次的採收期都必須要很謹慎與仔細的精挑篩選，才能夠從中挖到珍寶。

藉卓越盃競賽中脫穎而出的咖啡，我們彷彿進入一個令人回味無窮、驚嘆不已的咖啡世界，裡面的微型氣候、耕種與採摘方式、品種、加工與烘焙方式都是關鍵因素。因為卓越盃競賽，像許寶霖這種眼光獨到的烘豆師才能提供給顧客風味獨特的精品豆（卓越盃得獎的每一個批次都註明栽種者，而且這些咖啡數量都極其有限）。在卓越盃得獎、繼而參與競標的咖啡豆都是寶藏，總能令人感到無限驚喜，和寶霖一樣，能夠買到它們的人，可說是少數的幸運兒！

卓越盃同時也讓咖啡莊園變得更爲透明化。所謂透明化，是指讓喝咖啡的人可以知道咖啡樹是在哪裡生長、栽種的咖啡農是誰，這對於整個咖啡產業在財務與生產上的永續性是非常重要的。卓越盃之前，很多咖啡農並沒有因爲提供出色的咖啡品質而得到收入的合理提升；如今，在卓越盃競賽得獎的咖啡農，優渥的收入讓他們更有意願提升技術與投資，咖啡農除了勤奮工作賺到更多錢外，他們也能掌握並提升咖啡豆的品質。現今最優質的咖啡豆生產者同時擁有創新的意願與技術，他們把自己的莊園經營得風生水起，讓它成爲成功的小規模事業體。採購商也有更多機會到莊園去拜訪，去看看他們買進的咖啡豆所生長的地方，與咖啡農培養出長期的關係與友誼，一起慶祝其成就、互相切磋。

卓越盃競賽的舉辦者是非營利組織：卓越咖啡組織（Alliance for Coffee Excellence, Inc），寶霖是組織的十一位全球理事之一。我們這個大家庭的成員包括了世界各地最厲害也最用心的烘豆師與零售商，還有優質的咖啡農，甚至還有一些爲聯盟提供贊助的個人。每次競賽的冠軍咖啡出爐，我們這些咖啡人除了興奮雀躍，也會持續關注，這世界上到底還有哪些絕妙的咖啡風味尚待發掘呢！

Cup of Excellence® is the most stringent competition program the world has ever seen for coffee. Every coffee receiving a Cup of Excellence award has been cupped in5 different rounds by multiple cuppers. The top ten coffees have been scored 100 times.

But more than just the award, Cup of Excellence has had a huge impact on the coffee industry- especially specialty coffee. Besides the enormous financial impact that winning a Cup of Excellence award has on an individual farmer this unique competition/auction program has re-structured an industry where too few farmers knew the kind of quality they could produce and too few roasters could find the coffees they were really searching for.

Before Cup of Excellence most coffees were blended. Incredible flavors just disappeared into a country or regional blend. There was no differentiation or separation of unique varietals or microclimates and really great coffee never saw the light of day. Coffee is such an incredibly complex product that it takes careful and detailed separation and selection to uncover gems during every harvest. Cup of Excellence winning coffees have allowed us into a world where micro-climates, husbandry, harvesting, varietals, processing, and of course roasting, create coffees that can be lingered over and marveled at.

Due to Cup of Excellence the more discerning roasters like Joe Hsu are bringing rare coffees to their customers as unique farmer identified small lots. The fabulous coffees that have been awarded a Cup of Excellence have continually surprised and delighted the fortunate few like Joe who have been able to buy them at auction.

Cup of Excellence also created transparency to the farms. Transparency-knowing where the coffee is grown and the farmer who grew it-is critical to the financial sustainability of the entire industry. Many farmers have not only received increased premiums for their hard work but they are able to understand what efforts can pay off for quality increases. Top quality producers now have the desire and the skill to innovate and to manage their farms as successful small businesses. Roasters have the opportunity to visit the farms where their coffees are grown- to develop long-term relationships and friendships and to celebrate successes and help solve challenges.

The Cup of Excellence program is managed by the non-profit Alliance for Coffee Excellence, Inc. Joe Hsu is one of 11 Directors. Our global family of members consists of cutting edge and caring roasters and retailers, high quality farmers and even individual supporters- all who rejoice at every winning coffee and wonder what flavor is yet to be discovered.

Susie Spindler

〔自序〕
追咖啡的人

現在回想，我大約小學就開始跑產區了。

我父親做水果批發，學校放假期間，偶而派我到產區幫忙。當時老爸攬下的果園多屬桶柑，「攬下」即「整批包下」，將該產季的水果以特定價格買下，採收的水果即歸買方所有，買方的風險是市價波動與水果品質，當時年紀小不懂這些，僅能做簡單的工作，打打雜。

記得小學四年級的春假去三峽幫忙，當時山上很冷，突來的一陣大雨，淋得一身濕，大家急忙找岩縫躲雨。雨停，叔叔帶我到烘茶場取暖，炭火劈哩吧拉燒得正旺。熱空氣混著茶香，成了終日走南闖北的水果商之子難得的暖心回憶。

赴果園採購，銷售的不僅是水果，我從小就常會聽到類似對話：「下雨採的，都打掉了，過熟易爛；我給你的都眞正甜，因爲都在中午前採收的。這批貨來自草山右側向陽面，不是山陰處那家的呦……」

一九九三年，我們創立歐舍咖啡，當年貿易商供應的咖啡種類很少，採購所得到的咖啡資訊也不多，小時候家裡採購的水果農給的資訊反而還更豐富。買咖啡豆，你僅能知道國家名稱、大分類，頂多再加個集散地名而已，每批貨的好壞，猶如看天吃飯，只能靠運氣。

咖啡又和水果不同。咖啡豆雖同是來自咖啡樹的果實，需要採收，但採收僅是生產咖啡豆的序幕，更緊湊的後處理細節環環相扣，一不小心，品質就會變動，這些資訊當年甚乏，就算攤在眼前，也是有看沒有懂，這種大環境條件，要如何才能買到好的咖啡豆？

我想，真正要了解咖啡豆的風味變化與品質差異，唯一的方法就是到生產地請教栽種者，就像我老爸一樣，到產地去跟果農「搏感情」，才能知其然又知其所以然。

二〇〇二年，我首度踏入咖啡產區，拜訪咖啡莊園，又讓我記起了童年時在茶場升火取暖、絮敘家常的溫暖感覺，飛過大半個地球，相隔數十年的時光，其實對土地的情感，一直都在。

前往產地，踏進咖啡莊園，才有可能知道一絲咖啡的底蘊，她迷人的風味，多變的香氣到底是怎麼來的：微型氣候？品種？處理方式？還是咖啡農的不傳祕技？第一次拜訪，人家當你是遠方來客，照本宣科一定多於推心置腹，多來幾次且真正採購，咖啡的祕密有如抽絲剝繭般在面前展現，久了，同一莊園不同山頭的風味，即使僅些微不同，都能盲測出來。

直接到咖啡園，測咖啡、聊品質，這都是與咖啡農建立緊密關係的方法，很直接但很純樸，大家面對面，沒啥做作。美國的傑夫．華茲〔Geff Wallts，美國知名精品烘豆商「知識分子」（Intelligentsia）的副總裁〕將這種方式叫做「直接關係咖啡」（Direct Trade Coffee），直接關係咖啡指的是烘豆商直接到咖啡園拜訪、杯測、採購的模式，我意識到，這就是我們未來必須堅持的方向。

三年前在香港機場轉機，無意間拿起護照翻看，竟然有一百四十七個海關章，多數是到咖啡產地國，或擔任國際咖啡競賽評審出入舉辦國蓋的章。想要知道一杯咖啡背後的故事，你可以找專家聊天，甚或是靠Google就可以得到相關資訊，但跟別人不同的是，我喜歡尋豆，尋找好品質的咖啡豆，也喜愛與種咖啡的人聊。提筆寫《尋豆師》這本書，只是想告訴你，更多關於手上這杯咖啡背後的故事。

Contents

簽　證 VISAS

第一部

中南美洲十二年尋豆路

傳奇背後的傳奇：精品咖啡莊園巡禮

簽　證 VISAS

中美洲是連接北美洲與南美洲的地峽，北與墨西哥交界，最南爲巴拿馬，再往南即屬南美洲的哥倫比亞，東臨大西洋，涵蓋加勒比海和西印度群島，西濱太平洋，這個範圍就是中美洲區的地理位置。

一般稱「中美洲」指的是墨西哥以南巴拿馬運河以北的七個國家，也就是連接南美洲與北美洲大陸「地峽」的國家，包括貝里斯、瓜地馬拉、宏都拉斯、薩爾瓦多、尼加拉瓜、哥斯大黎加、巴拿馬，這七國都產咖啡。

也有人把「加勒比海區域，西印度群島的十二個海島國與九個各國屬地」涵蓋在中美洲範圍內，國家包括巴哈馬、古巴、牙買加、海地、多明尼加、巴貝多、千里達、格瑞那達、多米尼克、聖露西亞、聖文森、聖克里斯多福；各國屬地有：波多黎各（美國領地）、英屬百慕達群島、英屬開曼群島、英屬維京群島、美屬維京群島、荷屬安地列斯群島、阿魯巴（荷屬自治國）、法國海外省瓜德羅普、法屬馬提尼克。咖啡界的角度略有不同，中美洲咖啡包括墨西哥，而加勒比海區的咖啡，則會以「加勒比海島嶼區咖啡」來作區別，包括不能算精品但卻很出名的古巴、多明尼加、牙買加與波多黎各等。

中美洲各國栽植咖啡約始於十八世紀，例如最北的墨西哥，而一八二三年到一八四一年間，中美洲地峽區曾出現一個中美聯合省的國家，涵蓋區域包括現在的薩爾瓦多、瓜地馬拉、宏都拉斯、尼加拉瓜、哥斯大黎加等地。整個中美洲殖民史與西班牙密不可分，因此，西班牙語成了中美洲共通語言。

活躍的火山雖不時在本區造成地震等災情，但帶來肥沃火山土，濕熱的氣候本不適合高級咖啡樹，高海拔區卻因溫度低，可生長出好品質的咖啡。中美洲諸國中，產量較大的有墨西哥、宏都拉斯，兩者在二〇一二年的總產量甚至名列全球前十大咖啡產國，本區咖啡農仍得看天吃飯，尤其夏天的加勒比海與墨西哥灣常有颶風形成，造成重大的天然災害。

早年中美洲屬歐洲各國殖民地，近年美國興起後影響力大增，中美洲常被稱作美國後院，故傳統上，咖啡多銷往美國與歐洲諸國，而日本興起咖啡飲用文化後，巨大的採購量讓日本繼美國之後在中美洲也相當有影響力。美國與日本是推廣與採購精品咖啡的兩大國，精品生豆售價遠高於大宗商業豆，也可提升產地國形象，帶來經濟、社會、政治多方正面效應，中美洲諸國政府，逐漸注意且願意在精品咖啡領域多作投資。

最成功的例子是中美洲諸國舉辦的卓越盃咖啡競賽（CoE），吸引國際買家競標並前來尋找精品咖啡，各國競相以官方咖啡局或精品咖啡協會來推動卓越盃競，以及舉行包括非政府但自行成立協會的競賽，例如第一章提到的「最佳巴拿馬競賽」。十餘年來，這些國家強化以「產區」為主體，提供各具特色的精品咖啡，行銷各國並大力推廣，有名的例子包括：瓜地馬拉的國家咖啡協會（Asociación Nacional del Café，簡稱安娜咖啡協會，ANACAFE）、薩爾瓦多的康謝侯（薩國咖啡局，Consejo de Café- Salvadorean Coffee Council，簡稱Conejo），以及宏都拉斯的壹咖啡協會（IHCAFE- Instituto Hondureno del Café）。藉著「定義產區」、「風味特徵」、「風土特色」、「專業與技術定位」來作區隔，地理上諸國相鄰，國與國之間的競爭很激烈，每年各國咖啡競賽與競賽後的網路公開競標，猶如一場一場的國際咖啡戰爭，互別苗頭、各自表述過人強項。

沒有中美洲咖啡農當先鋒，就沒有現在精品咖啡的流行狂潮，就我十二年來的產區觀察，中美洲咖啡對全球咖啡界帶來以下六點巨大的影響：

一．提高交易價格、帶動生豆品質：精品咖啡的根本基礎是品質，她截然不同於傳統商業豆的交易定價模式，傳統是以顆粒大小、海拔高低或區域的知名度來決定，咖啡豆的成交價向來跟隨國際交易市場——紐約C市場的報價（New York C Market），但精品豆自成一格，成交價遠高於紐約C市場的報價，超過三分之一到十倍都有可能，交易價完全取決於買賣雙方對品質的認同與消費市場的需求。優渥的交易價格，是精品豆吸引咖啡農願意栽種且細心處理果實的重大因素，好的生豆帶來更美好的咖啡風味，品質是維持精品咖啡售價最重要的原因。

二．得獎精品竄起與傳統產區的勢微：以往高知名度的國家或產區的知名度高，享有較高成交價的現象已逐漸改變，以瓜地馬拉為例，最出名的產區是安提瓜（Antigua），其價格在全國八個產區中最高，然而近來安提瓜售價高於薇薇高原（Highland Huehuetenego）的現象逐漸轉變；精品咖啡的價格是以品質為基礎，願意為「安提瓜」之名付出較多價錢的是傳統貿易商，而僅挑精品的烘豆商或新興貿易商採購的方向卻是高品質或競標得獎莊園，揚棄知名度高等於價格高的採購思維，他們不擔心咖啡農是否來自陌生產區，在卓越盃競賽榮獲優勝、甚至奪冠即是採購標的。得獎確實讓咖啡農改變了命運，因為他們成為新興豆商追逐的目標。競賽優勝莊園，對產業的影響包括帶來獨特品種與獨特處理法的風氣，獨特性的品種只要風味好，精品市場自會青睞，稀有種包括巴拿馬翡翠莊園的瑰夏種（Geisha）、尼加拉瓜檸檬樹莊園（EL Limoncillo）的尼加爪哇種（Java Nica），而稀有處理法則是如聖斐麗莎莊園獨特的K72處理法，都讓追逐獨特風味的豆商藉此吸引消費者的注意與購買。種種轉變對比下，傳統大產區名稱已不具太多意義，虛名居多。

三．資訊透明化、生產履歷清楚：精品咖啡買家對品質與資訊有高度要求，各國的精品烘豆商是精品生豆最大的直接買主，著重品質，也要求生產履歷透明、處理資訊清楚，包括生產地、生產者、品種、採收年分季節、採收後的處理法、杯測風味等等，這些要求也讓咖啡農更了解他們自己所生產的咖啡；由生產角度來看，精品咖啡的興起，改變了傳統咖啡的生產與交易模式，這不僅是「生豆物流」的改變，也締造「咖啡資訊透明與流通」的迅速發展。

四．單一產區、單一莊園的興起（Single Origin or Single Farm）：由於要求生產資訊公開，買家可直接與咖啡農、或者藉由地區小型生產合作社與農民們直接接觸，買家（烘豆商）往往將生產者資訊揭露在他們的銷售據點，加上各國咖啡局推廣產區與風味的概念，時間一久，消費者也會指定喜歡的咖啡農園或特定生產區域的咖啡豆，造成單一產區或單一莊園取代產地國的可喜現象。

五．不斷更新的後製處理法：中美洲的咖啡農多以家族為中心，很多咖啡農擁有自己的咖啡莊園後，也朝設置自己的小型濕處理場甚至乾處理場邁進。最近流行的蜜處理法，甚至只需要一台小型去皮機即可進行採收後的處理。中美洲已由傳統的水洗處理法，進化到「無水」水洗處理、非洲式水洗法、蜜處理、日曬等多變且多樣的後製處理法，目的就是在確保品質下創造出風味的差異，增進風味的變化，吸引國際豆商的認同。近年來，中美洲咖啡農的採收後處理法竟延伸多達八種以上，真的創造出更多樣且豐富的好口味。

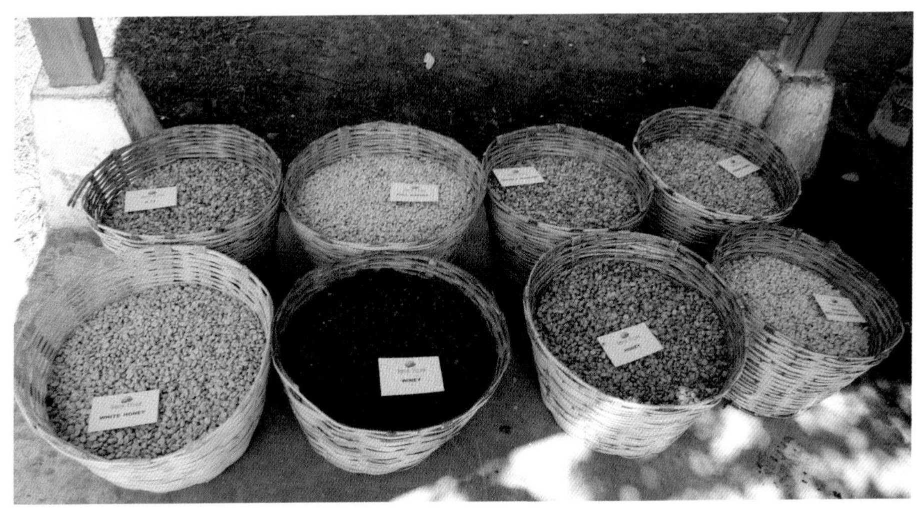

八種不同處理法的帶殼豆。

/第一章/

捲袖子幹活的咖啡貴族

創造巴拿馬咖啡傳奇的SCAP

咖啡是全球重要的農業期貨產品，素有「黑金」之稱，然而咖啡生產國多屬低度開發國，其實多數咖啡農看來皮膚黝黑、不善言詞、教育程度不高，卻有著一臉知足的靦腆笑容，除了尋找好豆外，和這些樂天知命的咖啡農相處，也是讓我流連產區的重要原因之一。

就如許多行業般，咖啡業也是一種M型社會縮影，少數咖啡園主人過著衣著光鮮亮麗、躋身社交名流的日子，我在產區就遇過這種咖啡產業巨擘。有的是部長級政府官員、大老級仕紳或貴氣的知名莊園後代，甚至擁有專屬直昇機的跨國企業經理人。這群「咖啡貴族」通常只在大人物或重量級買家到訪時，才會陪同巡視他們的「咖啡領地」，實際上已很少從事咖啡農務，如果咖啡產業有所謂「穿著西裝數鈔票」的上流社會，這群人可視爲某種代表。

走遍產區，我發現了另一群獨特的咖啡農，乍看似上流人士，都屬白種人後裔、談吐優雅，會關心股市、閱讀《華爾街日報》，但不同於前述的那群「咖啡貴族」，他們會走進咖啡園工作，決定處理場作業細節、拿起杯測匙來鑑定品質，與顧客逐批（Per Lot）討論風味更是他們的拿手強項，西裝筆挺的身軀內流的卻是百分之百的咖啡農血液！他們是一群捲起袖子走入農園的紳士。

他們是巴拿馬博魁地（Bouquete）的咖啡農。一九九四至一九九五年，國際咖啡價格低迷，農民束手無策，七位來自巴魯（Baru）火山兩側博魁地、博洛坎（Volcan）兩個產區的咖啡農，聚會商討。他們意識到兩件事：一、國際生豆價格疲軟，必須正視且找出因應之道；二、消費者已發出對高品質咖啡需求的訊號，精品咖啡的需求逐漸成型，必須提出對策開發這個市場。聚會後，他們取得了共識：主打略具雛型的精品豆市場！並決定成立巴拿馬精品咖啡協會（Specialty Coffee Association of Panama，簡稱SCAP），整合會員的意見後，對外拓展高品質的巴拿馬高海拔優質咖啡，對內團結同業資源一起奮鬥。

觀察各國咖啡產業的發展，鮮少有咖啡農能以非政府的民間協會力量來執行有效的行銷策略，更遑論運作成功且獲得市場認同，原因很簡單，因爲這種舉動會

「擋人財路」。咖啡生產國充斥既得利益者，包括出口商、處理場、居間仲介者，尤其財團，他們會聯合政府來壟斷咖啡農的初級市場。生產者缺乏市場資訊，少有與買方議價的機會，更別提具備出口的能力，因此造就中間交易商與出口商的龐大商機，中間商僅轉手交易就有可觀獲利；栽種、咖啡果實採收處理、採收後的前段與後段工序、乾燥後的脫殼與分級等繁雜且攸關品質的作業細節，都不是中間交易商所關心的，他們對生產者隱瞞國際報價與市場資訊已屬常態。長此以往，當咖啡生豆價格下跌時，中間商也不會輔導咖啡農強化品質增加競爭力，損失的利差都反映在收購價上，咖啡農只剩下賣或不賣的決定權而已。國際市場價格疲軟時，中間商開出購買咖啡果實（咖啡櫻桃）、或帶殼豆的價錢往往很低，開出的買價是否能支撐咖啡農的生產成本，幾乎不在他們的考量範圍，這讓原本利潤就低的生產者更加無利可圖了。

長期的資訊與財力不對稱，讓咖啡生產者總處於被剝削且無力改變的一方，巴拿馬精品咖啡協會（SCAP）的成功突破現況堪稱典範，協會單獨舉辦的精品優勝豆競標不但讓翡翠莊園的瑰夏種變成名豆，還不斷改寫國際咖啡豆競標價格的紀錄，這讓該協會的巴拿馬豆也成為精品咖啡的代名詞之一。我們不禁好奇，當多數咖啡農只能埋頭農作，眼睜睜看著「豆賤傷農」時，這幾位咖啡農的先驅者，為何能創造出小蝦米打敗大鯨魚的傳奇故事？「台灣最美的風景是人。」這句話出自大陸觀光客對台灣的感想，成為對我們最大的恭維。相同的，巴拿馬咖啡傳奇的締造，關鍵也在於這群高知識水平、能與國際精品市場無縫接軌的莊園主人身上。

巴拿馬精品咖啡協會草創後，幾位成員持續跑遍SCAA（美國精品咖啡協會）年度精品咖啡大展與SCAJ（日本精品咖啡協會）、SCAE（歐洲精品咖啡協會）的展覽，草創初期協會預算拮据，他們必須自費前往並親自坐鎮會場，以「來自巴拿馬高地的精品」為號召。攤位上，每個莊園的樣品豆都輔以詳細解說並附上文字資訊，一步一腳印，幾年下來，國際買家的心中，已將巴拿馬和精品咖啡畫上等號。

但這還不夠！巴拿馬這幾位生產者，主動跳進咖啡競賽，包括美國精品咖啡協會的年度咖啡競賽（COTY）、雨林聯盟的競賽，都以優秀成績獲得國際市場關

巴魯火山山脈。

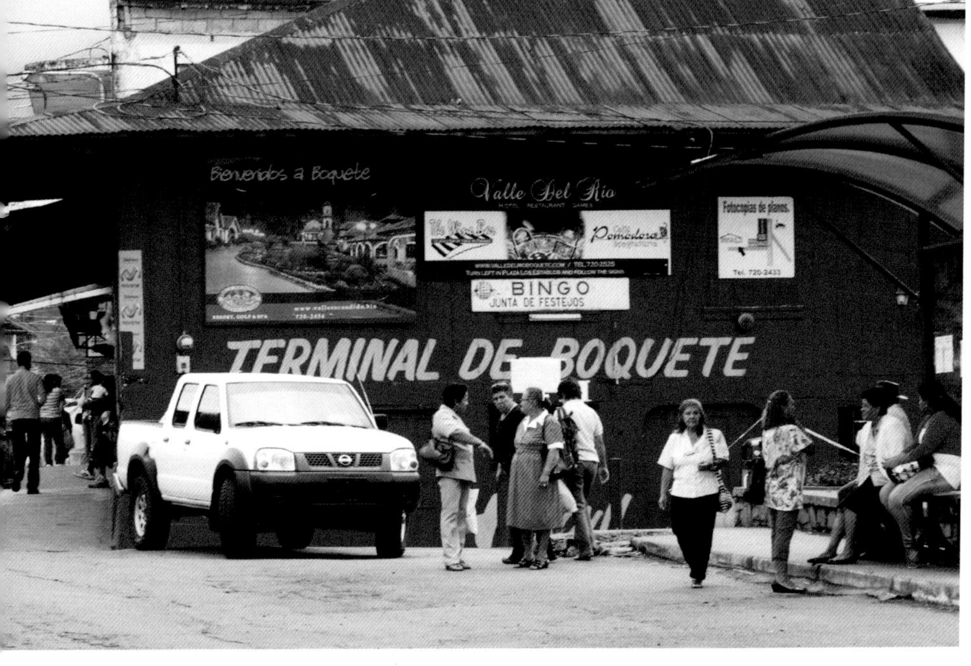

博魁地街景。

注。巴拿馬精品協會自行舉辦的「最佳巴拿馬（Best of Panama-BOP）」年度咖啡大賽，以杯測品質作爲優勝批次的標準，成功塑造出精品豆的形象，迅速建立巴拿馬生產好豆的口碑與根基。

二〇〇二年，我第一次探訪巴拿馬莊園，首都巴拿馬市的高溫濕熱、令人難耐的氣候恰與產區博魁地的森林、藍天、清淨空氣與怡人氣溫形成極強烈的反差，首都是典型的赤道氣候，而博魁地卻讓人有置身紐西蘭或夏季瑞士的感覺。

首度拜訪，除了氣候外，發覺巴拿馬的咖啡農眞的不同於傳統產地國的生產者，尤其在杯測技術與咖啡專業知識方面；二〇〇八年起，我每年必訪，擔任最佳巴拿馬競賽的評審時，逐次深入不同的微型產區與衆農園，裡頭值得推薦的有三個甚具分量的莊園：**艾麗達**（Elida）、**卡多瓦**（Kotowa）與**翡翠**（La Esmeralda）。觀察他們的用心與專業後，才稍能體會巴拿馬咖啡農的精髓所在。

拜訪三家頂級莊園，需先抵達博魁地。博魁地是位於海拔一千二百公尺的小鎭，在巴拿馬最西方的奇利基省（Chiriquí Province），著名的河流卡蝶拉（Caldera）源自巴魯火山，緩緩流經鎭郊。溫和的氣候、肥沃年輕的火山土、適當的雨量與多變的微型氣候，讓博魁地周邊山區擁有「咖啡樂土」的美譽，維基百科甚至給予「博魁地以產咖啡出名，品質被評列爲世界最優之一」的評價（Boquete is well known for its coffee, judged to be among the finest in the world.）。

做爲咖啡樂土，博魁地有幾個得天獨厚的條件：風土條件佳，海拔一千二百公尺到近二千公尺栽種優質咖啡的高度，低溫約攝氏十一℃，高溫約攝氏二十七℃，溫差大但低溫不致帶來霜害，高溫也不超過攝氏三十℃；巴魯火山帶來的年輕沃土、太平洋帶來的雨量與山區霧雨與多變的風勢，都是絕佳微型氣候的典範。

博魁地開發甚早，外籍人士占人口比例高達十五％，莊園主多爲先進國家的白種人移民，他們很重視子女的教育程度，擁有高學歷與優秀外文能力，自然與國際資訊接軌。此地交通很便利，離省會大衛市（David）近，大衛往博魁地的公路系統更在二〇一二年拓寬完成，對前來產區的國際訪客、觀光客或出口的運輸路況來說，都非常便利。

由博魁地前往這三個莊園，車程都在四十五分鐘內，微型氣候的差異讓三個莊園的咖啡擁有各自的特色風味。品種與處理法上，三個莊園也各自發展出自己的優勢。例如，超高海拔、以「濃郁鮮味」著稱的艾麗達莊園，以「天香瑰夏」聞名的翡翠莊園，有機細膩的卡托瓦莊園，有一句話足以形容她們的共同特色——其實就是商機無限。

這三個莊園成功的發展軌跡，要歸功巴拿馬精品咖啡協會。協會有五大貢獻，依序是：產區定義明確、專注高品質咖啡、參加國際組織競賽、舉辦最佳巴拿馬競賽、勇於創新。

註：「最佳巴拿馬」競賽歷年來競標最高標、批次總金額、莊園名稱

競標年分	最高標（美金）	成交量（磅數）	總金額（美金）	冠軍莊園－批次說明
2004年	$21.00	925.96磅	$19,445.16	翡翠莊園－荷拉米幽精選 Jaramillo Special
2005年	$20.10	1058.24磅	$21,270.62	翡翠莊園
2006年	$50.25	661.4磅	$33,235.35	翡翠莊園
2007年	$130.00	500磅	$65,000.00	翡翠莊園
2008年	$47.00	250磅	$11,750.00	希望莊園 Café Granja La Esperanza
2009年	$71.50	350磅	$25,025.00	翡翠莊園
2010年	$170.20	400磅	$68,080.00	翡翠莊園
2011年	$111.50	100磅	$11,150.00	唐帕契－瑰夏日曬處理 Don Pachi Natural Geisha
2012年	$90.25	150磅	$13,537.50	2012年兩個莊園同列最高標，分別是瑰夏冠軍的甘達拉．唐迪多莊園（Cantar Don Tito）與亞軍的帕納咖啡（Panacoffe Special）
2013年	$350.25	100磅	$35,025.00	翡翠莊園－瑰夏日曬處理

首先是「產區的清晰定義」，來自巴魯火山兩側的博魁地與博洛坎．坎蝶拉（Volcan-Candela）成員，藉由協會的產區說明很容易介紹自己。

第二，協會成員都專注在「高品質咖啡」的行銷與推廣，不浪費時間陷入商業豆的糾纏，對品質形象口碑的建立很有幫助。

第三，協會成員參加美國精品咖啡協會與雨林聯盟的咖啡競賽都有優異的成績，以「國際競賽優異成績」作爲品質保證的另一種象徵。巴拿馬精品咖啡協會僅三十餘個會員，幾乎全部栽種高海拔精品，外界形象佳且會議有效率。

第四點也是該協會年度最重要的活動：每年主辦最佳巴拿馬競賽，比賽規定的參賽批次量遠較其他國際賽事低，單一批次三百磅即可、最多不超過一千磅，咖啡農有可能僅生產少量的咖啡，卻因品質精湛透過比賽勝出而一鳴驚人。小量競賽除鞏固原有的精品市場外，還成功開發了台灣、韓國、大陸等新興市場，協會會員藉著每年競賽的運作與競標賣出好價格，也博得好名聲！

第五點「勇於創新」，因應國際咖啡市場趨勢引進新處理法 ，這也是該協會的咖啡農與他國不同之處。二〇〇八年幾位協會成員推出日曬處理法，在當年的最佳巴拿馬競賽期間請國際評審測試，結果是一面倒的負評，當年尙在樹敦城（Stumptown）擔任杯測與品管師的亞列克．齊克尼斯（Aleco Chigounis）甚至語重心長的勸這些咖啡農：「別搞日曬處理法了，這不是巴拿馬該做的事！」當年我也是國際評審一員，也不看好這些強烈接近腐敗香蕉與水果酒精味的日曬豆，對巴拿馬咖啡能否在日曬豆領域有任何進展也持懷疑的態度，沒想到這些咖啡農根本不畏難、鍥而不捨，二〇一〇年最佳巴拿馬競賽期間，我再度杯測日曬處理法，他們的日曬豆已有驚人的長足進步。二〇一〇年的結果，改變了我二〇〇八年留下的不好印象，我強烈建議巴拿馬精品咖啡協會，應該拿出來競標！二〇一一年競標的結果震撼了國際咖啡界，最佳巴拿馬的競標史上，日曬組的冠軍竟創下一磅一一一．五美元的競標高價！

目前，巴拿馬精品咖啡協會是唯一以處理法及品種雙重劃分競賽類別的競賽國家。首先按「水洗與蜜處理」、「日曬」爲處理法類別區分爲兩大組、各組中再以「瑰夏種」、「傳統品種」兩大品種類別細分，這種雙重區隔的咖啡競賽模式，不但有助於咖啡農在後製作處理法上精益求精，也代表巴拿馬咖啡農敢於創新，不斷創造精品咖啡流行的力量。

國家公園內的咖啡莊園。

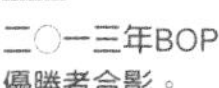

二○一三年BOP優勝者合影。

/第二章/

位在國家公園裡的超高海拔咖啡園

巴拿馬
艾麗達莊園

艾麗達莊園有超過一半的面積在巴拿馬國家公園的保留區內，她是中美洲罕見的超高海拔莊園，按地形的可行性，在一千七百公尺到接近二千公尺處栽種咖啡，以「濃郁、鮮味」的主軸風味聞名。

前往艾麗達莊園得由博魁地小鎮出發，沿著山區，莊園主人威弗．拉莫斯提斯（Wilford Lamastus）先帶我參觀位於老家的苗圃。莊園栽種三個品種，包括梯匹卡（Typica）、瑰夏（Geisha）、卡太依（Catuai），苗圃區就培育這些種的幼苗。沿途很美，到一千七百公尺處空氣就變得冷冽了，像行走在高山中享受森林浴並呼吸很清新的新鮮空氣。莊園二千公尺處的地勢頗陡峭，翻過陵線後抵達鞍部，竟是平坦的開闊地，地形可避呼嘯的山風。威弗說，這裡最適合種瑰夏！山的另一側，是很開闊的視野，我抵達時已四月初，那裡的咖啡櫻桃才剛轉紅仍未採收。

威弗的老家是一棟白色木屋，幾次造訪經過，他都會很興奮的指著房子說：「Joe，你知道嗎？我在那裡出生的！」威弗有五個兄弟，從小就跟著祖父母、雙親一起幫忙栽種咖啡，眼神中流露出對咖啡與家人的熱愛。這讓我想起另一個巴拿馬的傳奇咖啡友人葛西安諾．克魯茲（Graciano Cruz），他的拉斯．拉宏內斯莊園（Los Lajones）也高達二千公尺。他曾指著咖啡園對我說：「我在咖啡園出生，我老爸也是，將來我也會死在咖啡園。」威弗與葛西安諾對咖啡的熱愛，超出我的想像，生於斯、長於斯，最後終於斯，有這種執著，難怪種出來的咖啡這麼好。

巴魯是一座年輕火山，海拔超過三千四百公尺，屬活躍型的火山，周邊有七個不同的微型氣候帶，蘊釀出豐富多樣的生態。多元的微型氣候對咖啡栽種有利有弊，但以艾麗達來說，她的風味比多數巴拿馬豆濃郁且香氣更明顯，黑色莓果餘味與變化多端的口感，成爲饕客極度喜愛她的主因。

不過高海拔地勢也有缺點，例如艾麗達，栽種咖啡的平均海拔高度都超過一千七百公尺，地勢高加上夜晚的低溫，咖啡播種後要五年才可以採收，收穫等待期非常漫長。進入採收期後，咖啡熟成期往往超過一個月以上，熟成前一旦天候異常，例如颱風、大雨等不可抗拒因素來臨時，明知會造成重大損失，但因豆子未熟成，在品質堅持下，因不搶收導致收成銳減，風險其實比低海拔莊園大很多。

｜優良水土孕育的鮮味｜

二〇〇六年起，艾麗達的精選批次（Reserve Lot），年年名列最佳巴拿馬優勝批次，價格逐年高貴，中美洲各國莊園中，艾麗達應算最有「肯亞黑莓果調」，其黑色莓果與持久的複合水果風味往往讓人讚不絕口。評審趨之若鶩的還有艾麗達獨特的「鮮美」味，這詞來自「Umami」。威弗自己的形容詞是：一股若隱若現優雅的鮮味（A hint of savory elegent umami）。目前不少專家將「鮮味」列入味覺五味（酸甜苦鹹鮮）之中，鮮味的作用類似味精，提鮮或製作高湯的食物，如乾燥香菇、風乾乳酪、昆布，都可發覺鮮味的存在。咖啡中的鮮味跟好的「餘味」有關，例如啜吸後有生津感、啜吸後有較長且愉悅的後味，這都屬鮮美味道的感受。

當測到某種莊園豆有獨特好風味時，我會鍥而不捨，花上數年杯測、觀察、還嘗試了解其中相關緣由，以艾麗達來說，在莊園內很輕易找到與咖啡主軸風味相關、且生長狀況很好的作物來比對。適合高海拔優質咖啡的栽種環境，同樣也適合栽種其他優質的溫帶作物，例如莓果類、花類與高冷水果。每次抵達艾麗達的高處，威弗就會下車摘採樹番茄與野生莓果，這兩種水果的風味也常出現在艾麗達的咖啡中，品嚐現採水果與杯測過艾麗達的最優批次後，會發覺，用「鮮美」這詞來讚美艾麗達的優美咖啡，的確當之無愧，栽種地的咖啡與其他果物的比對，果然很有意思。

除得天獨厚的超高海拔與微型氣候，威弗在採收後製與處理上也下了苦功，從採收開始，就只摘採正熟成的咖啡果（Ripe no Pinton），熟度高，果膠的含糖量自然高，留存的是正向的好風味。艾麗達處理場的設備器具以及處理步驟都樣樣講究，一般來說，進行後製處理到一定階段的咖啡果，含水量若是長時間超過二十％以上，咖啡果內好品質的成分不僅容易流失，還有產生異味的可能，加上艾麗達處理場海拔仍高，因此就有專屬處理設備來控制乾燥時的溫度與時間上的掌握，這都必須控制得恰到好處，亦是牽涉到品質的重要關鍵步驟。

圖中是剛萌芽的咖啡幼苗。

威弗與員工。

此外，咖啡果實處理成帶殼豆（Parchment Bean）後，通常開始靜置，一般放置在專屬倉儲。威弗煞費苦心在後製處理最後重要環節——靜置，他知道必須讓豆子靜置穩定（Rest），此舉可讓太新鮮的生味與處理完成，初期仍不穩定的雜感降低，品質因為靜置而趨於穩定。艾麗達的帶殼豆是放在攝氏十二℃到十四℃的倉庫，白天最高溫不會超過二十℃，靜置的效果自然很好。本區的咖啡農大多將處理後的帶殼豆後送到低海拔的大型乾處理場，倉儲的溫度往往超過三十℃，無形中加速了生豆的老化，也嚴重影響咖啡的風味。

艾麗達莊園是最佳巴拿馬競賽的常勝軍，二〇〇八年起，我每年擔任最佳巴拿馬的國際評審，艾麗達的優勝批次通常是我們的競標目標之一。最佳巴拿馬競賽與卓越盃競賽類似，得獎批次都必須在網路上公開競標，雖然我因為擔任國際評審而有機會先測到所有批次，包括未能入圍或是莊園晚採收批次，但想採購競賽豆還是必須透過網路與所有買家一起競標。透過競標，也順利引進不少款好豆到台灣與眾多饕客分享。

艾麗達的處理場位在苗圃與莊園高處中途，也可說就在莊園內，沿途路況不算差，公路可直接通達，設於此，也方便貨車進出載運咖啡。圖為正進行乾燥的蜜處理帶殼豆，旁邊是簡易處理場與帶殼豆的倉儲處。

經El Salto前往艾麗達。

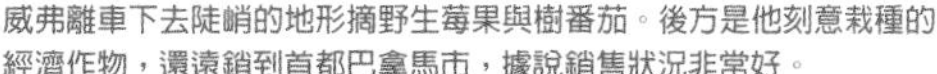

威弗離車下去陡峭的地形摘野生莓果與樹番茄。後方是他刻意栽種的經濟作物，還遠銷到首都巴拿馬市，據說銷售狀況非常好。

艾麗達位於高海拔山區的帶殼豆儲存場。

【國際評審杯測報告】

艾麗達莊園

□ **莊園名稱**：艾麗達莊園（Elida Estate Coffee）

□ **所有者**：拉默思迪斯（自1918年起）

□ **經營者**：威弗．拉默思迪斯

□ **莊園位置**：鄂圖給而．博魁地（Alto Quiel, Bouquete）

□ **年產量**：約400袋（60公斤每袋）

□ **莊園面積**：65公頃（30公頃栽種咖啡，35公頃保留原始林）

□ **咖啡樹齡**：老種區40年，其餘平均5年

□ **栽種密度**：4000/ha（1公頃4000株）

□ **去殼處理期間**：1月～3月

□ **栽種高度**：1670～1825公尺

□ **主要品種**：卡太依 85%，梯匹卡與波旁15%，瑰夏（少量）

□ **開花期**：3月、4月、5月

□ **採收期**：1月～4月

□ **土質**：深軟的砂質土

□ **微型氣候特徵**

□ **年均雨量**：2400公釐，雨季（5月到11月）

□ **主要日照期間**：2月底到5月初

□ 開花期一年有4～5次。天候異常的乾季，往往乾季的前半段會有濃霧與高的濕度發生。

艾麗達得獎批次的主要杯測報告

□ **乾香**：深色莓果、甜香、莊園級巧克力、花香、油脂香。

□ **濕香**：蜜香甜、莓果香、黑醋栗、紅色覆盆子、各種豐富的酸甜香。

□ **啜吸**：入口黑色莓果風味明顯、很乾淨飽滿、油脂感好、酸甜感融合佳、黑醋栗、高海拔樹番茄風味、蔓越莓、油脂感很持久。

二千公尺處的艾麗達莊園。

艾麗達家族苗圃標示。

/第三章/

自傷三成的雙冠王

巴拿馬

卡托瓦・鄧肯與唐赫莊園

我曾經邀請巴拿馬知名的卡托瓦咖啡（Kotowa）主人黎卡多．科以納（Ricardo Koyner）來台演講，黎卡多外表溫文儒雅、談吐不俗，提到巴拿馬地理與風土時，聽眾們都很入迷，連業內行家都聚精會神的猛抄筆記。黎卡多是鄧肯（Duncan）與唐赫（Don K）兩個知名莊園的第三代經營者，極具魅力的外表下，竟深藏著「擅長等待、留強汰弱」的特質，在我認識的咖啡莊園主中，實屬罕見。

他擅長等待的特質，自幼顯見。故事是這樣的，初次拜訪黎卡多家的賓客，一定會對那兩扇巨大厚實的高聳木門讚嘆不已，我也不例外，並且好奇問他木頭來源與材質，黎卡多告訴我，那兩扇木門是以從河底拖出來的巨木做成的。

「河底的巨木？」我疑惑的問他。

「是的。」他接著侃侃而談。

「小時候，我常在家附近的河川游泳，記得有一次我潛入河底，竟然觸摸到一棵巨大神木，當時很驚奇，但我沒說出來，就讓它沉睡在河底，巨木一直被泥沙掩埋著，也不太容易被人發現。後來，蓋屋子時，我想起了河底的巨木或許可派上用場，再度潛入河底，果然找到這棵巨大神木，於是打撈上來，做成這兩扇大門。」

「你知道嗎？巨木上岸時，我發現樹皮內部竟然都是乾燥的，質地非常堅硬，眞是好木頭啊！」從童年發現到打撈上岸，是一段藏了四十年的祕密，這等內斂的功夫著實令人稱奇。

聽過這個故事後，才算了解黎卡多個性中的「慢工、挑剔、追求完美」的特質，同時也明白，咖啡圈對他稱讚的美譽其實與其追求完美個性有關。耐心與毅力，確實是黎卡多磨出好咖啡的法寶。

黎卡多種植咖啡樹的態度毫不急躁，除了等待，更願意每年自我淘汰部份可收穫的咖啡量，有些批次的淘汰比率甚至接近三十％！而且他淘汰的並非瑕疵或成熟從卡托瓦處理場遠眺巴魯火山。

從卡托瓦眺望博魁地。

酒紅色果實-使用頂級摘採法。

度不足的咖啡果，而是爲了追求完美的風味，將成熟的咖啡豆經過精細的分級而淘汰。我拜訪過的咖啡農中，僅見過此例，在巴拿馬也僅有他這麼做，別無分號。

｜群山環繞的百年古蹟處理場｜

卡托瓦是當地原住民語「群山」之意，黎卡多的卡托瓦總計有四個莊園群，主要栽種卡圖拉與梯匹卡品種。黎卡多告訴我，本區一千六百公尺以上的高海拔區，栽種此二品種，可獲得複雜且多層次的美好風味。卡托瓦以兩大莊園出名，分別以卡托瓦．唐赫（Kotowa Don K）與卡托瓦．鄧肯（Kotowa Duncan）爲名，後者是以黎卡多祖父亞歷山大．鄧肯來命名（ Alexander Duncan MacIntyre），而此君也正是卡托瓦咖啡的創辦人。

黎卡多的祖父亞歷山大當年會遠從加拿大移居來巴拿馬，起因於一篇報導。一九一三年，亞歷山大在家鄉（加拿大）的報紙中閱讀到一篇文章，描述中美洲巴拿馬有一個很獨特的地方叫博魁地，那裡群山環繞，有漂亮的火山，多數地區仍未開發，氣候略冷但景致卻相當美麗。這些形容詞激起他的好奇心，決定由加拿大前來拜訪博魁地。結果，他愛上這裡的景致、居民、尤其曼妙的氣候及美麗的山景。亞歷山大於是移民到博魁地，開始買地種咖啡，還用精巧的手藝自行打造以河水爲動力的木製濕處理場。九十年後的今日，這個水動力的濕處理場都還可以運作，活生生是一座古蹟處理場，也成爲拜訪本地暨卡托瓦莊園的勝景之一。

一九一三年起，亞歷山大．鄧肯先生就一直在思考如何增進咖啡的品質，他的思路跟現今流行的精品咖啡並沒兩樣。迄今，黎卡多家族栽種咖啡已經超過一百年了，咖啡人已傳到第四代。

唐赫與鄧肯兩個莊園，剛好在山脊的兩側，鄧肯莊園面對遙遠的太平洋，溫暖濕潤的風吹拂到陡峭的山脊，帶來此地多樣的微型氣候，火山地形與太平洋帶來的潮濕暖風加上高海拔的低溫、足夠的降雨量與日照，形成天然絕佳的有機栽種環境。因此鄧肯莊園有雄厚本錢來發展高品質的有機栽種，這裡生產的咖啡有多層次的豐富感與複雜迷人的風味，得歸功於絕佳的地形與微型氣候。

｜水土與栽種細節｜

黎卡多說，中美洲國家通常都臨兩大洋，東邊是大西洋，西邊是太平洋，巴拿馬卻是北邊濱臨大西洋，南邊面對太平洋，而巴拿馬南北國土才六十到一百八十公里寬，這表示氣候容易受到兩大洋的影響。太平洋溫暖帶雨的濕氣會由五月到十一月往山區吹拂，為莊園帶來重要的雨量與濕度，而大西洋的強風與較低濕度的氣流會由十二月到隔年的三月由北往南吹，形成重要的乾濕季節對比，這對咖啡的生長循環形成極大助益。

以阿拉比卡種的特性來說，通常海拔愈高咖啡的品質會遞增，因為高海拔導致均溫下降。品質雖提升，咖啡收穫量會成反比減少，關鍵的海拔高度是一千二百公尺。受到栽種區域的溫度變化影響，當溫度遞減時，咖啡品質是遞增的，但低溫不可低於攝氏十二℃，高溫不可高於三十℃，黎卡多在莊園一千八百公尺處，設計一個溫室栽種咖啡樹與苗圃，用四種不同的微型氣候，測試不同高度、不同的降雨模式等變數下，來研究溫度對咖啡風味的影響，再把這些結果與大衛大學（Dave University）合作，研究並評估不同變數下，咖啡基因對品質與風味的影響。

在這座實驗溫室中，黎卡多蒐集了二百三十八個品種，這些品種都來自咖啡發源地——衣索匹亞，目前針對一百零二種不同的咖啡樹種來研究品種與風味及品質的關聯，甚至開發新品種。此外，也對各莊園的土壤成分來分析，包括土壤對風味的實質影響，以建立施肥種類與施肥模式。

｜頂級摘採提升品質｜

咖啡果實的摘採法與後續的處理，對品質的影響非常巨大，黎卡多在這部分的做法就以細膩聞名。首先，他偵測果實黏質層的糖分含量，接著實驗黏質層糖分的含量與品質的關聯，第三步研究咖啡處理後乾燥的溫度對糖分的影響作用，最後研究水洗後靜置時間長短對咖啡糖分與風味的影響。在確定了糖分的影響後，黎卡多發展出獨特的**頂級摘採法**（Premium Picking）與**珍藏摘採**（Reserva Picking），並徹底實施。這種做法對高品質的影響與實測風味，果然讓人興奮，實驗成果豐碩，但鄧肯莊園。

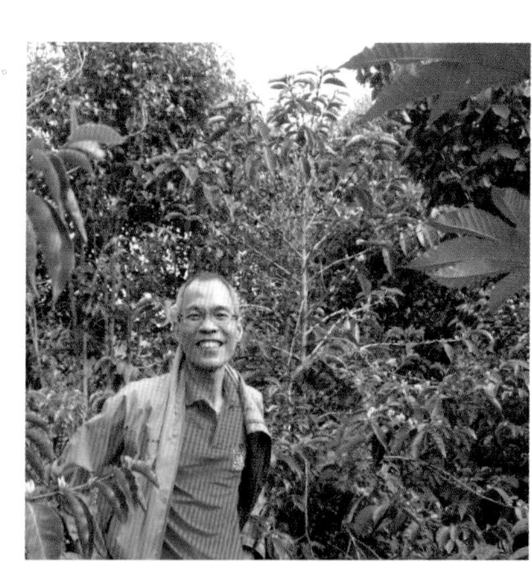

黎卡多在日曬場，此處海拔達一千七百公尺。

咖啡最終產量卻不多。

卡托瓦頂級摘採法的重點是，咖啡櫻桃呈現酒紅色，亦即有點過熟的深紅（Overipe Dark Color）後才可採收，摘採後快速進行後製作（Quickly Processed），以避免酒酸與過熟的不悅味道產生。這時摘採的果實必須是由熟甜轉換成甜會帶清脆明亮的果酸綜合體，取得此種風味的代價也極其巨大。到了這種熟成度才採收的咖啡果，平均落果率會高達二到三成，因爲在等待酒紅色轉換期間，三十%的咖啡果實因爲過熟，很容易被風吹落而無法採用，但也因爲這種堅持與淘汰，黎卡多的頂級摘採咖啡，往往尚未採收，就被精明的烘豆商訂走。

另一個摘採法爲珍藏摘採法，也稱之爲紅透摘採法（Red Color Ripe 100%）。珍藏摘採法並非僅看顏色而已，必須判斷甜度與果肉層甜感的品質，珍藏摘採法必須具備三個條件：百分之百紅透的果實才摘採（Red Ripe Color and 100% Fully Mature），百分之百轉換成果甜才摘採（100% of Sugars Formed），嚐起來屬絲絨般的甜美才摘採（Velvety Sweet Taste）。巴拿馬的艾麗達莊園，也擅長使用類似這種珍藏摘採的手法。

黎卡多說，這兩種摘採法都得冒著極高的落果風險，當咖啡櫻桃很成熟，到達熟度巔峰期時，很容易被風吹而導致落果，鄧肯莊園在結果期間的氣候常有強風與微雨，形成 Bajareque（即風吹兼雨淋），但即使因落果損失了三成的收成，可以得到更甜美、清脆且明亮的酸、帶來更複雜豐富的風味變化！他說，很値得！唐赫莊園的日曬頂級珍藏批次，更需要耐心，就算咖啡果已經熟成到呈酒紅蜜棗色，還是得等到有陽光沒下雨的好日子才能趁一大早去摘採，這些等待導致落果更多，卻也是醞釀好風味必須承受的損失。

不論是哪一種摘採法，黎卡多提到一個大重點，「摘採後必須馬上後製」。不馬上進行摘採後製程的話，品質將無法掌控，甚至導致無法承擔的風險。因此，無論是「水洗式」或「全日曬」處理法，都必須在採收當日即刻進行後製，否則咖啡風味與品質會有無法預料的變化，造成大風險，甚至產生不愉悅的發酵味。

卡托瓦莊園油畫。

卡托瓦有百年歷史的處理場。

黎卡多非常重視環保，卡托瓦的濕處理場處理一磅的生豆僅耗水二分之一公升，而一般設備處理一磅的生豆需要十到二十公升的水；處理過程產生的殘渣，如果肉、果皮層、黏質、廢水，都拿來當作有機肥的處理材料，可作爲鄧肯莊園有機栽種的百分之百天然有機肥，多餘的堆肥，也可加上部分人工肥料當作唐赫莊園的施肥來源；此外，兩個莊園都使用來自山區的天然純淨山泉水來做需要的水洗處理。

咖啡果實摘採處理後，在海拔一千七百公尺高的地方，用傳統純人工的手法、且以非洲棚架來進行緩慢均勻的日曬乾燥。日曬完成，不能急著馬上出貨，帶殼豆會在木製的乾倉內靜置至少二個月以上，這讓咖啡的風味更加飽滿。準備出口前才進行後製的去殼分級，去殼後用密度振動機來篩選並分級，根據豆子大小、重量（密度）、顏色等來區分。僅有最佳的生豆才可以用卡托瓦．唐赫與卡托瓦．鄧肯兩莊園名稱來銷售。在品管方面，每一袋都有一個獨立編碼來區分批次，由採收開始到處理、後製、銷售，都建立完整的履歷資料追蹤。

卡托瓦的莊園附近仍有很大片未開發的原始林，黎卡多小心翼翼的呵護，不僅莊園所在地恰是候鳥的遷移路徑，因地形獨特且原始林相多元，這裡還是衆多鳥類的棲息地，巴拿馬的鳥類品種非常多樣，品項遠超過北美與歐州，這也形成卡托瓦莊園的一大特色——賞鳥。除了種咖啡樹外，黎卡多種植了超過五百種的本地果樹，栽種果樹的目的是生產可供鳥類食用的果實與堅果。爲了維護原始生態，他幾近吹毛求疵，在咖啡圈中也數鳳毛麟角，難怪二〇〇六年巴拿馬的國家環境局頒發「最佳年度生態潔淨產業大獎」給卡托瓦莊園。

除此之外，卡托瓦也連續九年獲得聯合國兒童基金會（UNICEF）巴拿馬國家局的頒獎，鼓勵他們在傭工服務上的成就，黎卡多提供給莊園工作者免費醫療所、免費托兒幼教園的環境、免費伙食與營養照護。這些養護照顧，台灣營收數百億的大企業都不見得做得到，但在山區的咖啡園卻做到了，令人感佩又感嘆。

黎卡多的莊園在二〇一二年的最佳巴拿馬全國咖啡大賽中囊括日曬組與傳統品種組冠軍，一個莊園同時榮獲兩大冠軍獎項，他的實力絕非浪得虛名，而他耐性等待、著重每一細節的精神，並自我淘汰三十%的態度，很值得深思。

或許，這就是好咖啡的祕密。

尋豆筆記

果肉堆肥產生的鉀，是好風味的奧妙之處

黎卡多舉某一個水洗採收批次為例：採收期是二月二日，當日處理然後日曬長達十二天（日曬處理批次會達十八天），也就是到了二月十四日完成第一階段的非洲棚架日曬。這個批次也是細心的逐顆手採，然後用莊園符合生態的水洗機器去掉果皮與果肉。

鄧肯是百分之百有機莊園，因此施肥都是以咖啡櫻桃處理過程中的副產品，果皮、果肉、黏質層等，以有機微生物來製作堆肥，並形成了天然合成肥料。

沒有任何除草、殺蟲等化學藥劑，這種咖啡副產品的堆肥，有一個絕佳的天然養分產生：就是鉀肥。在這個莊園，鉀肥很欠缺，但它對咖啡豆體的密度與生長過程中需要的支撐強度是不可或缺的養分來源，用果肉黏質的堆肥，產生這麼好的效果，是善用天然有機肥的奧妙處。

鄧肯莊園

□ **莊園名稱**：鄧肯莊園（Doncan）

□ **生長區域**：厄爾．莎托（EL Salto），博魁地

□ **莊園位置**：位於博魁地的西側高原區，莊園地勢屬面東朝北，這個地理位置在乾季確實有較少的降雨。

□ **栽種高度**：1650 到 1750公尺

□ **年雨量**：約1900公釐。每年5到11月有來自太平洋的降雨，12月到1月的雨是來自北方的大西洋。

□ **平均溫**：攝氏 22℃到13℃中間，偏低的溫度讓咖啡果實生長緩慢而形成了很優異的精華風味。

□ **採收期**：1月到 4月。

鄧肯莊園的風味特色，按不同處理法可以簡述區分如下：

□ **水洗法的風味**：柑橘酸、堅果香、青蘋果清脆的酸甜感、莓果與蜜棗甜的餘味。

□ **日曬豆的風味**：優雅的梅乾、無花果、成熟的紅色水果甜餘味。

□ **瑰夏種風味**：茉莉花香、盛開的熱帶水果複合風味、百香果的餘味。

卡托瓦．唐赫莊園

位於博魁地的西側高原區，莊園地勢屬面西朝南，其實就在鄧肯莊園的另一側，海拔接近1800公尺高。因地形因素，有較長的乾季與較少的降雨。唐赫莊園基本上還是朝著有機的生態角度來經營，因位於山脊另一側，土壤與微型環境顯然不同於鄧肯莊園，這邊的土壤需要增加點鹼性肥料，尤其在咖啡櫻桃熟成階段。因此，在適當的時機會施以鈣肥與鎂肥來增加果實中的胺基酸，促進咖啡風味發展，同時對優質果酸與增加果實的密度重要，但不使用除草劑、殺蟲劑與任何的化學藥劑。

唐赫莊園的風味按不同處理法，可以歸納如下：

□ **水洗法的風味**：優雅的萊姆花香、巧克力、柑橘酸甜感、莓果與紅色果實的餘味。

□ **日曬豆的風味**：高級蜜餞類風味與香氣，梅乾與高級乾淨成熟水果的餘味。

□ **瑰夏種的風味**：茉莉花香、盛開的熱帶水果複合風味，尤其有橘子與鳳梨的果香。

卡托瓦莊園午後常見雲霧繚繞。

/ 第四章 /

瑰夏王朝的發源地

巴拿馬
翡翠莊園

「平生不識瑰夏豆，就稱老饕也枉然。」這句話拿來形容瑰夏及翡翠莊園在咖啡圈的地位，眞是再貼切也不過了。

翡翠莊園位在博魁地的巴魯火山山脈上，莊園屬地因陸續收購的關係，區隔爲兩個區域。巴拿馬近赤道，國土算熱帶氣候，博魁地因海拔高加上翡翠當地的地勢與微型氣候有較大的溫差，莊園早晚的溫度都很冷冽，每次來訪，我一定會穿著外套。

初次拜訪翡翠是在二〇〇三年初，當時大衛市往山區沿途兩側不少房地產與酪農業的廣告看板。朋友表示，博魁地是度假勝地，周邊匯集著名休閒飯店與度假莊園，多數沿著本區重要的卡蝶拉河畔（Rio Caldera）興建，景緻很美，自此，只要拜訪博魁地，我盡量都選河畔的飯店。翡翠莊園著名的荷拉米幽區（Jaramillo）就在河的右側，翡翠莊園屬彼德森（Peterson）家族，目前由第三代的蕾秋（Rachel）與丹尼爾（Daniel）共同經營。

翡翠莊園第一代主人是盧道夫．彼德森（Rudolph A. Peterson），他是瑞典裔的銀行家，曾擔任過美國銀行總裁，是當時美國金融圈的大人物，盧道夫當年買莊園的目的僅是度假與將來退休使用，他應該沒有預料到，日後莊園會舉世聞名，甚至成爲巴拿馬精品咖啡的代表。

翡翠擁有全球高知名度的原因有二，一是瑰夏種，二是屢創驚人的成交價紀錄！關鍵人物其實是莊園主人普來斯．彼德森（Price Peterson），以及他的子女蕾秋與丹尼爾。種咖啡前的普來斯是位生醫學者，普來斯後來在咖啡界的輝煌紀錄實不亞於父親在金融界的顯赫成就。

| 三代咖啡貴族的堅持 |

生醫背景讓普來斯對咖啡的栽種不同於一般咖啡農的思維，他觀察、分析莊園內較適合栽種咖啡的區域，並展開咖啡農生涯。他擅長以科學的態度進行觀察與實驗，仔細分析莊園的微型氣候與摘採後的處理細節，女兒蕾秋協助檢視實驗後的成果，不斷改善每一個細節，確定處理模式後就投資設備，導入各種提高品質的處理法。蕾秋與弟弟丹尼爾都擁有優異的杯測技術，他們與父親普來斯合作無間，全家分工，打造出舉世聞名的咖啡事業。

丹尼爾是家族的第三代，更是瑰夏品種風行全球的發掘者，丹尼爾與姊姊蕾秋逐批杯測、記錄每一批採收的咖啡果，分析不同栽種地與不同批次間的風味情況。有一天，丹尼爾發覺有一個批次的咖啡帶有莊園內特有的植物花香，口感較明亮豐富，逐一檢視後，終於發掘那股獨特的香氣與風味是來自瑰夏種，揭開瑰夏種多采多姿的序幕，翡翠莊園也踏出成爲世界級明星莊園的序幕。

彼德森一家是我心目中「捲起袖子幹活的咖啡貴族」典範，學識淵博、家世好，進入咖啡園卻肯彎下腰來做實事，翡翠有今天的成功不是偶然。

丹尼爾是第一位藉杯測發現瑰夏種有獨特風味的咖啡農，而第一位在正式咖啡競賽察覺到瑰夏種具有驚人風味的是美國精品咖啡協會（SCAA）的現任執行長瑞克．林赫（Rick Reinheart）。翡翠莊園初次以瑰夏種在二〇〇四年最佳巴拿馬競賽上榮獲冠軍，競賽主審就是瑞克；我也在同年杯測到瑰夏，記得是歐舍咖啡舉辦的二〇〇四年最佳巴拿馬優勝莊園杯測會。瑰夏迷人的花香、柑橘、莓果、大吉嶺茶香引起熱烈討論，同好有人誤認她是來自衣索匹亞的耶加雪夫豆，那場杯測，開啓我對瑰夏的深刻印象。

二〇〇八年我擔任巴拿馬競賽的國際評審，主審依然是瑞克，評比期間，瑞克津津樂道彼德森家族發掘瑰夏的經過，與賽期間，我亦首度有機會第一手與栽種瑰夏、發掘瑰夏的普來斯家族深度交談，了解瑰夏品種的相關資訊。

彼德森家族，由左至右：蘇珊、普來斯、大衛（友人），蕾秋、丹尼爾、丹尼爾妻。

蕾秋與丹尼爾（背對鏡頭）在做杯測。

| 逐批杯測發現名種 |

六年來，因擔任評審並多次拜訪翡翠，與丹尼爾、蕾秋姐弟多次長談，愈熟就愈佩服他們鍥而不捨的熱情。丹尼爾對我說，當年他其實是按照不同的採收批次不斷的杯測，並註明每一批次的風味，才發覺某個批次的風味有點獨特，與他平常杯測得到的香氣與風味不同。他覺得找出這個差異的唯一方法，就是一批一批的比對，他確定這個罕見的風味其實是屬正面且少見的味道。

找出批次後，他接著回頭找出該批次在莊園採收的日期與採收區塊，並再度全面審視批次的資料，最後歸納出批次確實的採收地點，並追溯採收地點的確定位置。確定地點與位置後，他開始逐一觀察咖啡樹種的外觀、葉片與果實等情況，才發現了瑰夏種。

這是瑰夏種真正被發掘的過程，並非如外傳他一開始就鎖定樹種外型、海拔高度或是葉片型狀、直接找出瑰夏種的傳奇故事。丹尼爾其實是被杯測風味吸引才根據翔實的批次資料記載找出瑰夏的，這和辛勤工作終獲得成功的模式並無二致。簡單來說，就是花比別人多數倍以上的努力與堅持，傳奇名種才得以問世。

以下八張瑰夏種由幼苗、開花結果、經不同處理法的圖片，可增進大家對這個知名品種的了解：

1.瑰夏幼苗。
2.瑰夏幼苗的葉片呈對稱生長。
3.含苞即將開花的瑰夏。
4.由綠轉橘色的瑰夏果實。
5.整串熟紅的瑰夏果實。
6.瑰夏蜜處理：帶殼豆。
7.瑰夏日曬豆果實。
8.翡翠生豆：水洗法，二〇一三產季。

｜史無前例的拍價紀錄｜

前面提到翡翠莊園擁有高知名度，是因爲瑰夏種與其驚人的競標價，而競標價之所以驚人，主要來自她創下難以撼動的冠軍紀錄。跟台灣的比賽茶一樣，得獎的競賽豆價格一定大漲，冠軍價碼高達市價的數十倍，競賽是咖啡農得以翻身的捷徑。翡翠莊園的得獎紀錄與次數是史無前例的，**截至二〇一三年共拿下十五次不同**

尋豆筆記

翡翠莊園四大品牌

翡翠莊園的行銷策略不同於其他莊園，以杯測表現及栽種的品種、栽種的區域，將市場區隔三塊，並以不同品牌來銷售。二〇一二年起，新增了瑰夏・博魁地（Geisha Boquete），成為四大品牌，這部分源自蕾秋的行銷理念。莊園的四個品牌分別是：

一・翡翠特選（Esmeralda Special），即翡翠莊園自己舉辦的獨立競標，完全以瑰夏種，按生產區塊的名稱，每個區塊再細分小批次來競標，只有莊園拿出來獨立競標的瑰夏批次，才可以用翡翠特選（Esmeralda Special）名稱，二〇一三年起，翡翠特選有九個批次（來自荷拉米幽與帕米拉）。

二・瑰夏・博魁地（Geisha Boquete），即瑰夏種，但不是獨立競賽的批次，由各生產區塊中不參加競標但品質仍優異者混合成這個品牌，但依然是瑰夏品種，二〇一二年開始啓用這個品牌策略。

三・鑽石山（Diamond Mountain），翡翠的傳統品種，且栽種卡瑙斯・維德維司（Cañas Verdes）與荷拉米幽（Jaramillo）兩區，約一千四百至一千七百公尺處，咖啡的口感複雜、巧克力、香料甜感明顯、栽種咖啡品種是標準中美洲混合式，包括梯匹卡、波旁、卡太依（Typica、Bourbon、Catuai）等三個品種。鑽石山是環境友善（Eco-friendly）、雨林聯盟認證（Rainforest Alliance Certified）認證的咖啡。

四・帕米拉（Palmyra），這個品牌屬翡翠莊園的商業豆，產區在博魁地鎮郊，海拔約一千一百至一千二百五十公尺，翡翠莊園所有生產區塊中，只有這裡屬中低海拔，栽種的全是卡太依種，雖非精品級但仍屬典型的巴拿馬博魁地的風味，酸不會太刺激、堅果甜與香草巧克力風味明顯，帕米拉是翡翠莊園各栽種區塊中咖啡生產量最高的，占整個家族咖啡產量約七十%。

咖啡競賽的冠軍（註1），上述競賽名次公布後多數會有全球網路競標，競標金額中有四次是當時的世界紀錄，尤以二〇一三年獲得最佳巴拿馬日曬組冠軍的日曬瑰夏批次，每磅以三五〇．二五美元標出更爲驚人！二〇一三年巴拿馬非競標級的精品豆在產地的價格一磅大約六美元，翡翠日曬瑰夏的競標價是其他精品的五十八倍以上！

二〇〇七年翡翠在最佳巴拿馬年度競標時，一磅以一百三十美元拍出，震撼各國、造成媒體競相採訪！別的國家競賽，例如卓越盃，也有得獎豆拍出高價的紀錄，例如二〇〇五年巴西卓越盃競賽冠軍聖塔茵莊園（Fazenda Santa Inês）拍出每磅五十美元、二〇〇八年瓜地馬拉卓越盃冠軍茵赫特莊園（El Injerto）結標價一磅也高達八〇．二美元，但長期觀察國際競標即可發現，翡翠莊園每次創下的紀錄，都是該年度咖啡競標中的最高標！唯一的例外是二〇一二年，瓜地馬拉茵赫特莊園的獨立競標，創下每磅五〇〇．五美元的高標紀錄，但那個批次僅有八磅生豆，買家容易因搶標導致價格拉抬，該紀錄由莊園的小顆摩卡種（Pantaleon-Mocca）創下。除此之外，任何國家的競標價皆未能超越翡翠的高價紀錄，說她是精品咖啡競標價的紀錄創造者，實不爲過。

｜翡翠瑰夏的批次如何選擇｜

幾次競標瑰夏的經驗，發現風味優雅細緻的多來自荷拉米幽老產區，其中的聖荷西批次（San Jose）很細緻，但多年杯測經驗告訴我，不能迷信特定區塊，老老實實的逐一盲測，是找出理想風味的唯一辦法。翡翠莊園分成兩大生產區域，剛好位於博魁地鎮的兩側，即河右岸的荷拉米幽，以及莊園所在地河左岸的甘納斯維達斯

註1：

翡翠莊園顯赫得獎資歷：

- 1st Place Specialty Coffee Association of America Roasters Guild Cupping Pavilion（2007、2006、2005）
- 2nd Place, Coffee of The Year（2009、2008）
- 1st Place “Best of Panama”（2013、2010、2009、2007、2006、2005、 2004）
- 1st Place Rainforest Alliance Cupping for Quality（2009、2008、2007、 2006、2005）

（Cañas Verdes）。翡翠莊園會將每個區塊再細分幾個小批次，一個競標單位量通常是三百磅，每個單位算一個獨立標，也就是說，每個標是三百磅左右，同一個批次編碼的品質都一樣，競標的生豆都採眞空包裝，這對品質穩定有益，我認爲這做法很合宜，畢竟買家付給翡翠莊園瑰夏種的競標價不低啊。

翡翠莊園的瑰夏種，即使每次挑選同一區塊（Lot），以荷拉米歐—馬力歐（Mario）中的聖荷西（San Jose）、標示ES4批次而言，連續幾年杯測ES4發現，不同年分的風味多少有異，主軸風味不會偏移，某些香氣、或者較獨特的風格確實會改變，例如花香味不同、佛手柑味道轉弱、柑橘味轉爲佛州香吉士等等。以二〇〇九年聖荷西ES4爲例，該批在當年三月採收，海拔爲一千五百到一千六百五十公尺，杯測的乾香氣有茶香、玉蘭花與鬱金香的花香氣，香草植物、奶香、黑糖甜、高級香檳，香氣非常清晰，停留在鼻腔持久且愉悅，啜吸風味與觸感包括了油質感佳、細緻的梨山特等茶感、高級白酒澀味但轉成細膩滑順的觸感、口腔觸感的黏滑感細緻、莓果糖果及香料甜交錯著，餘韻充滿花香、果甜、觸感相當持久。溫度愈低、酸質愈是細膩。二〇一〇年到二〇一三年，實際杯測聖荷西 ES4 批次，得到與上述不一樣的風味，這說明了逐年逐一杯測同一小區塊，能得到完整的風味輪廓與風味的異動，對了解不同年份生產與氣候的關鍵因素幫助甚大。

翡翠莊園寫下難以超越的驚人紀錄，是源自於地靈人傑加上家族成員不懈怠的持續努力。持續的努力反而是多數人忽略的因素，拜訪莊園與觀察蕾秋、丹尼爾多年，他們的堅持與上一代普來斯的宏大視野與魄力，讓我回味良久，思索不已。

我曾以歐舍咖啡名義邀請蕾秋與丹尼爾相繼來台，每年在最佳巴拿馬競賽或是各大精品咖啡協會展覽時，我們必定見面互相問候並交換咖啡訊息，蕾秋對近年來氣候的異常感到很憂心，也對瑰夏與翡翠莊園的優勢提出客氣但很客觀的看法。以下爲蕾秋的觀點：

「翡翠莊園爲何能屢次在競標中創下驚人的成績？除了發現瑰夏並推廣這個品種外，主要原因應是我們生產的高品質咖啡能被市場接受。生產高品質咖啡確實有翡翠馬力歐—聖荷西批次生豆。

荷拉米幽—聖荷西批次生產區。

丹尼爾在荷拉米幽。

翡翠莊園瑰夏果實。

蕾秋介紹栽種環境與瑰夏種特色。

翡翠莊園林木蓊鬱，幾乎全遮蔭。

很多要素，這些要素分成能控制與無法控制兩大類。我們嚴格掌控的部分包括：僅摘採成熟後但不會過熟的咖啡櫻桃（Extra Ripe Cherry）、之後進行近乎嚴苛的處理工序（Ultimate Care Processing），每一批次一定做杯測品管（Cupping and Quality Control），即便如此，某些批次仍無法藉著肉眼來確保品質合乎我們的標準，因此，逐批深度杯測就是把關的重點。我們杯測每一個單獨批次，絕不放鬆。

我們無法掌控的因素包括：雨量、夜晚的溫度適合性（夜晚恰當的溫度）。以上兩大因素，導致部分批次摘採與處理後，雖然符合標準，但在品質上有所落差，因此，我們把 Geisha 分爲兩個品牌，競賽批次的翡翠瑰夏特選（Esmeralda Special）與翡翠瑰夏博魁地精選（Esmeralda Boquete），精選批次屬不同區塊的瑰夏混合，雖非競賽批次，但品質仍合乎翡翠莊園的杯測標準。

咖啡的處理在創立咖啡園初期，我們就意識到，機器去黏質層的做法遠比傳統水洗發酵脫黏質法來得穩定，其他的作業細節上，我們的做法跟本區的咖啡農並沒有太大差異，但我們的確關注且確實執行每一個細節，特別是可選擇不同做法的細節，我們會逐一實作並研究異同處。

舉例來說，在摘採決策我們就分成『頂端微白其餘全紅的果實』到『全紅的果實』到『全紅但顏色轉微暗紅』，三種顏色的咖啡果實都摘採並杯測其風味的差異。在水洗法咖啡處理的決策，『水洗發酵脫黏質法』與『水洗機器脫黏質法』，甚至『無水模式機器脫黏質法』這三種處理模式，我們都會透過杯測來比較風味的差異。

最後在乾燥過程，包括天然陽光乾燥或機器烘乾，這也會分開來進行杯測。此外，不同處理法的測試，包括日曬法、蜜處理，甚至不同的品種，我們都會以杯測進行驗證。」

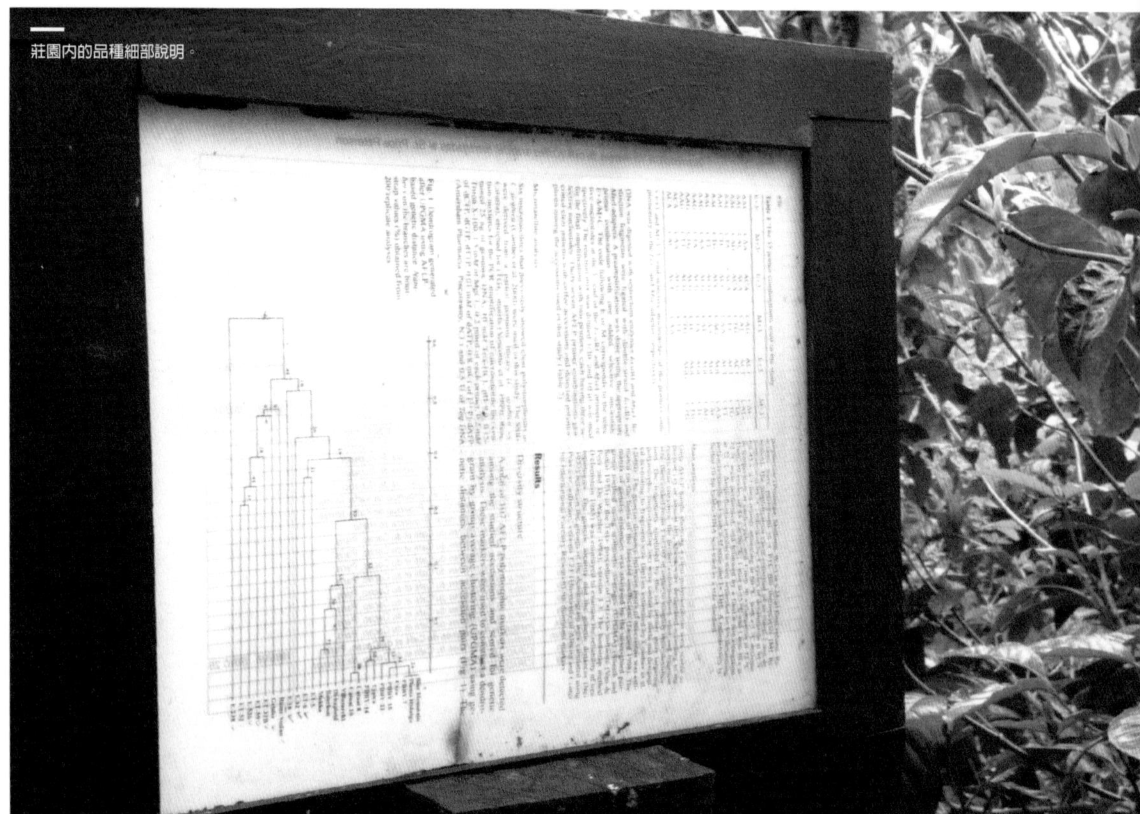

莊園內的品種細部說明。

翡翠莊園本部。

荷拉米幽GPS位址。

翡翠莊園。

翡翠莊園水洗處理場之發酵槽。

尋豆筆記

瑰夏為什麼那麼稀少？

瑰夏種在台灣乃至於全球，儼然已經成為頂級風味的精品咖啡代名詞，好的瑰夏豆具備明顯的「風味特徵」，聞過現磨瑰夏乾粉香氣的人，難忘她那震懾人心的香氣，即使烘焙很淺，入口後除了明亮的酸，還可馬上感受到豐富、多樣細膩的滋味，這都是瑰夏讓咖啡饕客難以忘懷且名聞全球的原因。

二○○四年現身江湖並屢次創下競標高價的瑰夏，自然吸引各國競相栽種，這股熱潮迄今未退。自丹尼爾發現並以瑰夏參賽開始算起，九年過去了，瑰夏的產量與市場曝光度理應百家爭鳴、普及供應才是。

二○○八年春，我擔任最佳巴拿馬評審時，參訪的咖啡莊園家家都有瑰夏種，不是正在收成就是隔年可收，但近年統計下來，市場供應量並未大增。二○一二年，市場上的供應量才稍有起色，照理來說，五年前栽種的都陸續採收了，為何到二○一二年底，市場瑰夏的量仍不算多？

我問了巴拿馬與鄰國幾位知名莊園或處理場主人，他們很清楚的點出問題所在。

翡翠莊園的蕾秋．彼德森說：

「一．超高的死亡率。由於瑰夏的根部系統不夠強壯，甚至蠻柔弱，因此栽種初期的死亡率頗高。

二．不容易修枝（Prune）。採用傳統的修枝法或修枝不當，往往導致瑰夏樹死亡。

三．產量低，相較傳統品種，瑰夏的採收量相當低。

四．需要大量的遮蔭樹（Shade Tree），無法適應日照過盛或溫度較高的日照期。

五．低海拔瑰夏風味不佳。以巴拿馬來說，低於一千五百公尺的瑰夏風味缺乏高海拔的優雅與細緻。

六．必須了解綠頂芽瑰夏或銅頂芽瑰夏的風味差異，我們僅摘種綠芽瑰夏，這款更適合高海拔並擁有更優緻的風味。

七．需要更繁雜、費工的高成本，才可以用不同處理法來處理瑰夏，例如日曬瑰夏。我們處理日曬型瑰夏的原因在於，尋找不同的好風味，而不考量處理的成本。例如，生產於一千四百公尺到一千五百公尺的瑰夏種，用傳統水洗法，風味怎麼處理就是不夠細膩，但用日曬處理法仔細處理，風味竟然有很好的清澈度與好的酸質表現（Clarity and Acidity），二〇一二年開始，我們嘗試往更高海拔的產區來生產日曬瑰夏，希望找出不同海拔的日曬瑰夏，帶來何種不同風味。二〇一三年，可能的話，會嘗試蜜處理。」

哥斯大黎加咖啡界的名人法蘭西斯可．梅那（Francisco Mena）的看法如下：

「一．瑰夏極難照顧，照顧不妥，枯萎死亡率可能會到達百分之百，相對其他本地常見品種，栽種瑰夏更需要經驗與技巧的累積。

二．修枝的方法很不同，無法直接參考其他品種的修枝法照單全收，依樣畫葫蘆會造成很不好的後果。

三．投入的人力成本最高，但收成的產量卻最低，與他種比較，平均僅他種收穫量的三十%左右。」

卡托瓦的莊園主黎卡多說：

「市場上，挑剔的烘豆商與饕客已經熟悉高品質的巴拿馬瑰夏風味，因此，市場雖然大量栽種瑰夏種，巴拿馬也掀起這股栽種風潮，但栽種較低海拔的瑰夏，雖仍可辨識出花香與果香，杯測的風味卻很容易發現有不佳的雜感，香氣的細膩度與風味的變化豐富都遠不如高海拔的巴拿馬瑰夏。顯見，栽種高品質的瑰夏種很不容易，太多限制，不容易大規模栽種。」

艾麗達莊園老闆威弗說：

「在高海拔區域，尤其超過一千六百公尺以上栽種瑰夏是趨勢，因爲瑰夏售價高、產量雖較其他品種少很多，能採收的量少，但相對採收的人工成本其實也省一些，甚至可以避免如二〇一〇～二〇一二年，採收工短缺而造成部分熟果乏人栽採的窘境。瑰夏風味的獨特與優雅，讓她具備單獨行銷的優勢，比較大的限制是高海拔區域本來就少，而在那麼高的地方栽種咖啡也不容易，想要擴充生產來租賃或購買農地，也因爲高海拔又適合栽種咖啡的優良區域不多，因此不是那麼容易擴產。」

/ 第五章 /

善有善報的傳奇名種

尼加拉瓜

檸檬樹莊園與尼加爪哇種

對多數國人而言，中美洲是很遙遠的距離，由台灣到美國西岸，得飛十二個小時，美西往南飛再五個小時甚至更久，包括等候與轉機的時間，到中美洲任何一個生產國，都是二十個小時以上的漫長旅程。

我的尋豆之旅源自二〇〇二年，那時經營咖啡已近十年，卻從沒到過源頭，也不清楚生豆是如何產生，以往僅靠瀏覽相關資料獲得知識，那跟看電影其實沒啥兩樣。〇二年抵達莊園現場，才目睹由種子、萌芽、採收、去皮、後處理、靜置倉儲所有過程，那是眞實世界，如同了解電影如何製作，不！更像劉姥姥進大觀園，大開眼界、眞實目睹、獲得難以言喻的寶貴經驗。

尼加拉瓜是我拜訪中美洲的第一站，走出首都機場，馬納瓜（Maragua）熾熱的空氣迎面而來，馬路上充斥著不顧危險穿梭車陣的乞丐，離開都市前往馬踏尬帕（Matagalpa）的高原公路，遇到有人以簡易繩索攔車，阻攔者卻不是警察，而是露出燦爛笑容的紅十字會小天使，等車速慢下後，她們拿著罐頭靠近車窗募捐。五個小時後才抵達咖啡莊園與乾處理場，乾處理場的日曬場有五個足球場大，當時我是個產區菜鳥，初來乍到，對任何事都新鮮，不停地拍照與狂作筆記，衆多咖啡農已在日曬場，以靦腆的笑容歡迎我們、渾身散發出堅強質樸的毅力。我在這裡首度遇到厄文．米瑞許（Erwin Mierisch）。

二〇〇二到二〇一三年，我六度赴尼加拉瓜並拜訪厄文，一回生二回熟，除了產地，也多次在哥倫比亞、巴西、美國、日本甚至歐洲等地相遇，聊天的話題不外是咖啡與友人。印象最深的是二〇〇八年，我待在中美洲逾一個月，在尼加拉瓜選豆杯測那週，大家的話題都繞著尼加爪哇（Java Nica）轉，早先就聽過厄文家族孕育出傳奇品種尼加爪哇的事蹟，記得他曾告訴我，尼加爪哇種的全名是「尼加拉瓜的爪哇種」，厄文取「尼加爪哇」，目的是與爪哇島的爪哇作區別，兩國的爪哇種風味差異很大。尼加爪哇種帶來的驚艷與聲望，有加入並趕上當紅的名種之勢，這些當紅的品種包括瑰夏、帕卡馬拉、黃色品種系（如黃色象豆、黃色帕卡馬拉、黃色卡太依）。

｜瀕危傳奇種｜

爪哇種在尼加拉瓜現身，歷經遙遠旅程，她一度瀕危，最終在尼加拉瓜復耕成功，她源自爪哇長顆種（Java-Long Berry），顧名思義來自印尼爪哇島，此種目前在爪哇島仍可發現，產量卻不多，因抗病性差，當地農場已逐步改栽其他品種。爪哇種外型類似梯匹卡種，一般看到的爪哇多屬短顆狀（Shortberry），長顆粒（Longberry）的爪哇種較少，尼加爪哇屬罕見的爪哇長顆粒。品種與外型稀少，而風味卻很乾淨、細膩，尼國咖啡史上，從來沒有出現過類似的風味。二〇〇八年尼加爪哇勇奪尼加拉瓜全國卓越盃大賽亞軍，尼加爪哇種滿足了多方需求：量稀少、風味好、故事性十足！

在談尼加爪哇前，首先得聽聽這一段奇妙的故事。

厄文告訴我尼加爪哇品種由來時說：「你相信停下車幫助一個被資遣的可憐人，是得到這個稀有品種的關鍵嗎？」

二〇〇一年某天，厄文與父親驅車去拜訪幾位優秀莊園主，請教農務與處理法，回程經過聯合咖啡組織（Unicafe，尼國的咖啡生產者組織）的實驗站璜內提優（Juanetillo）時，有人試圖攔車，厄文說他想直接揚長而去，但父親執意要他停車看看那人是否需要幫忙。原來此人在璜內提優工作，實驗站因經費短缺被迫關閉，實驗站沒現金可發放遣散費，只給他一袋種子與幾把破爛的鏟子，迫於無奈，只得攔下來車，藉機詢問：「你們可否幫幫我，買下實驗室給我的種子與工具？」厄文的父親毫不考慮、很慷慨的同意了。

厄文說，他對於父親的善舉並不以爲然，那袋種子外面雖標示爪哇（Java）字樣，也沒引起他太大的好奇心，因爪哇種對多數尼加拉瓜的咖啡農顯得陌生，厄文並不覺得需要花心思在不知名的品種上。沒想到，後續的發展竟然成爲中美洲另一個傳奇名種的開端。

回到自家莊園後，厄文父親仔細端詳這些種子，便播種育苗，幼苗長出來米瑞許先生是讓爪哇種崛起於中美洲的關鍵人物，亦是米瑞許家族掌舵者。

檸檬樹爪哇種、綠色果實。

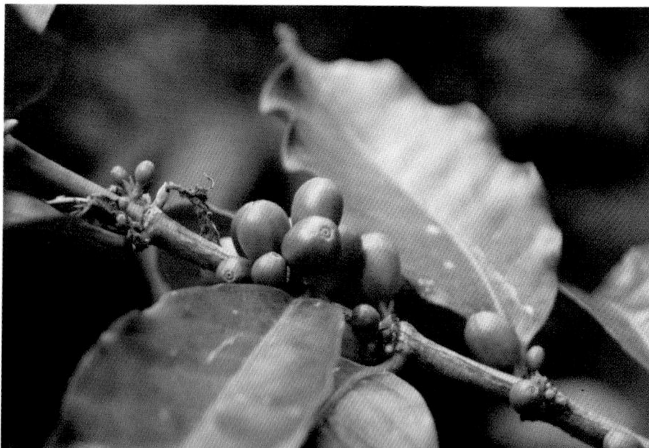

檸檬樹莊園。

後，某天，父子倆帶著幼株去請教八〇年代任職璜內提優的學者派翠西亞（Patricia Contreras），她仔細觀看後，確認厄文父子無意中獲得的確實是爪哇種，她異常興奮的說：「爪哇是很偉大的品種，値得好好栽種！要注意的是，收穫量不高，抗病性也不佳，需要悉心照顧！」這是爪哇首度在尼加拉瓜被實際播種成功且驗明正身的經過；厄文父子的善心與敏銳度是爪哇不致消失在荒煙蔓草中的主因。

自此，厄文父子開始在自家莊園不同的高度處進行實驗栽種，少量多批次採收後，用不同處理法進行後製，嘗試找出尼加爪哇的風味潛力。

｜古種復耕，卓越盃一戰成名｜

二〇〇七年，厄文與咖啡界好友們一起杯測，史考特．裡德（Scott Reed）〔目前擔任微風豆商的採購，〇七當年尙服務於美國知名生豆商「羅伊（Royal）」〕力薦厄文拿尼加爪哇種參加隔年卓越盃大賽，由於數量不多，蒐集了家族旗下葛洛麗亞（La Gloria）與檸檬樹（Limoncillo）兩個莊園中最優異的批次，湊齊了足夠數量參賽，結果出乎衆人意料，第一次參賽就拿下尼加拉瓜卓越盃全國大賽的亞軍，競標額還超越當年的冠軍，尼加爪哇一戰成名，掀起咖啡界的巨大話題。

二〇〇八尼加爪哇爆炸性的話題促使我更深入厄文家族的莊園群，進行細部杯測，與前幾年不同的是，我把目標放在成爲拍賣場上明日之星的尼加爪哇與帕卡馬拉種。

我跟厄文聊爪哇傳奇時，他說：「尼加爪哇的外觀雖漂亮，未採收前是否値得投資與大量栽種我們眞的沒把握，播苗試種前，翻遍尼加拉瓜甚至鄰國檔案，找不到栽種爪哇的前例，無實際栽種資料可供諮詢。」四年後第一次收成，風味確實如同當年專家所描述。確定品種源頭後，命名，又成爲一件大事。厄文說：「家族開會後，決定保留品種的源頭與族譜。雖然我們大可取名爲『迷霧山脈女仕』或『極優古種』，讓大家搞不清楚它的由來，增加我們在商業上的獨占利益，但這樣一來不但遠離她原本的種性，也易生混淆。」厄文家族決定正本清源，因爲是爪哇種，且在尼加拉瓜復耕成功，因此取名尼加爪哇（Java Nica，即尼加拉瓜－爪哇種）。

厄文與筆者合照於檸檬樹莊園。

接收爪哇成熟果實，此為聖荷西處理場。

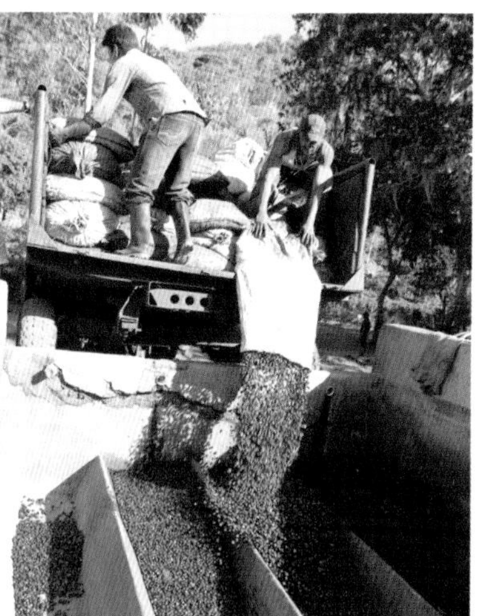

聖荷西近年也以爪哇種出名，莊園的
夕陽景緻很美。

爪哇種源自梯匹卡種體系，尼加拉瓜咖啡一直以來都用傳統水洗處理法，第一批尼加爪哇也以傳統水洗法做風味檢測，細膩的香草甜感與迷人花香，讓杯測者為之讚嘆。於是尼加爪哇種在厄文家族的莊園展開栽種，產量雖少，一度失傳的爪哇香草風能夠再現，且於尼加拉瓜復活，絕對是是咖啡界的盛事。我在尼國經過數次杯測，在尼加爪哇種獲獎的二〇〇八年，同一時間立即首度引入台灣，引起的迴響也讓檸檬樹莊園在台出盡鋒頭！二〇一〇年後，厄文再接再厲，增加尼加爪哇去皮乾燥處理法（簡稱 PN 法：Pulped Natural）與日曬處理法，由水洗法的細膩香草到熱帶水果香料甜，增添了兩款風格截然不同的尼加爪哇。

尋豆筆記

淺談乾燥處理

咖啡果實採收後需要進行後續處理，我們喝的咖啡豆其實是指咖啡生豆，來自咖啡果實內的核，即果肉內的種子，要經過一定的處理程序，才能取出生豆。好品質的生豆來自妥善的採收與精緻後製流程，由果實採收到取出咖啡生豆的過程就是咖啡的「處理法」，常見的處理法有三種，「水洗、日曬、去皮後乾燥」，三種處理法有一個相同的步驟，就是「乾燥」，剛採收的咖啡果實很新鮮，整顆果實含水率很高。

上述三種處理法中的日曬處理法，是將整顆咖啡果直接曬乾，其餘兩種處理法不外乎先去掉果皮或是藉發酵去掉果肉上的黏質層，接著分段處理，之後乾燥。乾燥是很重要的程序，根據處理法的嚴謹設定，來決定乾燥處理細節，最終以設定的含水率來決定處理程序是否達成。

含水率指的就是帶殼咖啡生豆的含水分比率，經過檢測，含水率過高，生豆品質會流失，豆體會不穩定甚至產生菌害、黴害等（例如超過十二%）；但含水率也不可以太低，太低的含水率通常指低於九%，豆體會乾縮，顏色偏白，優質風味喪失、果體呈現乾扁狀。

一般水洗處理法的帶殼豆，通常含水率達到十．五%～十二% 後，就完成乾燥程序，接著，可將帶殼豆送入乾倉儲存，或進入準備出貨階段的去殼、分級、裝袋的待出口作業，負責乾處理系列的作業處就是業界習稱的乾處理場。

爪哇尼加種。

檸檬樹莊園開花期的帕卡馬拉種。

【國際評審杯測報告】

尼加爪哇種——檸檬樹莊園

以下用杯測的「聞香判味法」，包括乾香氣、濕香氣與啜吸風味 ，分別描述尼加爪哇豆。

☐ **香氣**：咖啡豆剛磨成粉的乾香氣，包括香草、巧克力、檸檬類酸香、糖果香等，尤以「香草與蔗糖甜」最明顯，啜吸（杯測或直接喝）的風味，包括：香草味、多款水果類的味道，巧克力、甜感、餘味甜度與香草巧克力很明顯。

☐ **莊園名稱**：檸檬樹莊園（El Limoncillo）

☐ **產區**：瑪踏尬帕高原（Matagalpa）

☐ **城鎮**：達立雅，位於北雅西卡・都馬拉（Yassica Norte Tumala de Dalia）

☐ **莊園成立**：1932 年

☐ **莊園主**：瑪利亞・米瑞許（Maria Ligia Mierisch）

☐ **莊園海拔**：950 到 1300 公尺

☐ **栽種的咖啡品種**：10% 馬拉葛西皮（Maragoipe）、30% 帕卡馬拉（ Pacamara）、25% 波旁（Bourbon）、20% 卡太壹（Caturra）、15% 尼加爪哇 Java Nica，本批次屬尼加爪哇種。

☐ **咖啡的處理法**：95%全水洗、5%日曬法，本批次屬100% 水洗法。

☐ **後段乾燥**：棚架日曬（Sun Dried-Patios）

☐ **開花期**：1至2月，3月中，5至6月

☐ **採收期**：12月到3月

☐ **採收法**：手摘法，逐顆摘採成熟櫻桃果，通常分三次採收。

☐ **杯測口感**：一爆中段起鍋，烘焙時間 11 分鐘。

☐ **乾香**：香草、巧克力、香料甜、甜檸檬、糖香、藍莓、奶油、柑橘。

☐ **濕香**：香草、奶油、水梨、特別的茶香。

☐ **啜吸**：香草、茶感、帶甜的葡萄柚、油脂感佳，在口腔的包覆感明顯；甜薄荷巧克力、茶樹精油的香氣、巧克力、黑糖、帶核水果（桃子、李子）、奶油感、餘韻甜感持久。

此為檸檬樹莊園的黃色帕卡馬拉種始祖，於四年前發現，口感比紅帕卡馬拉細膩，甜度很明顯，雖僅一株，經過計畫繁殖，已可以少量供應。

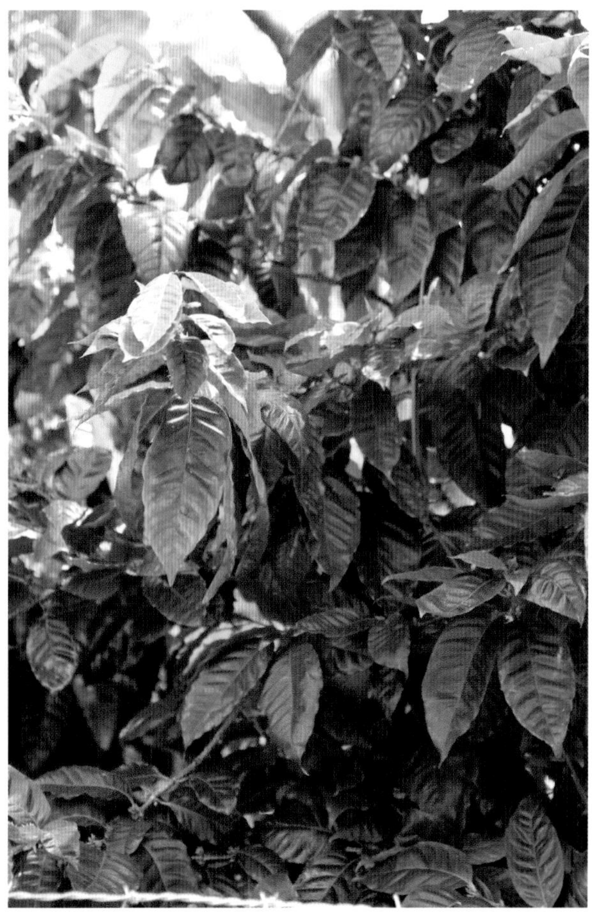

｜檸檬樹莊園的帕卡馬拉種．蜜處理法｜

厄文家族以尼加爪哇的優異表現在二〇〇八年榮獲卓越盃亞軍，他們栽種的帕卡馬拉種其實也不遑多讓，具備飽滿、迷人的風味。拜訪厄文的另一個重點就是帕卡馬拉種。除了尼加爪哇，帕卡馬拉近幾年也已造成轟動且大量栽種成功，實話說，它推動中美洲新一波的品種運動。

前往檸檬樹莊園，需先由首都前往瑪踏尬帕高原，本區亦是尼國知名的咖啡產區，大型的乾處理場不少，公路旁輕易可見足球場大的日曬處理場。檸檬樹位於達立雅鎮，位於北雅西卡．都馬拉（Yassica Norte Tumala Dalia），莊園位於上升陡峭的地形，需搭四輪傳動車才上得去。莊園水源充沛，檸檬樹莊園內有一片非常漂亮的天然瀑布，水質沁涼甘甜，周邊景致怡人，沿途栽種多款花卉、刻意以不同的品種讓四季都有繁花盛開，如置身神祕花徑。走進咖啡林，地勢漸升漸陡，林相也由闊葉轉向針葉林，林蔭處溫度頗冷，形成絕妙的微型氣候，難怪孕育出優質咖啡。

海拔一千公尺處，依地形栽種尼加爪哇，咖啡樹細長的葉型婉約的伸出枝枒，像在訴說她過往的神祕，周邊高聳的巨大針葉林在烈日下撐起一片陰涼，讓這些咖啡樹獲得陽光之餘，不被烈日灼傷，可慢慢茁壯。隨著陡峭的山頭地勢，帕卡馬拉開始出現，當我喘著氣站上山頂高處時，高度計已超過一千三百公尺，肥大的帕卡馬拉葉與高聳巨大的樹身讓人心曠神怡，只想深深地嗅聞著周邊的芳香空氣。我想，這就是在國際拍賣上紅透半邊天的帕卡馬拉種所需的優異水土。

大顆粒的咖啡豆，大家熟悉的是俗稱象豆的馬拉葛西皮種，二〇〇二年後，市場才逐漸出現帕卡馬拉，栽種也日漸普及。帕卡馬拉的風味比馬拉葛西皮飽滿，市場反應也較好，目前帕卡馬拉的供應量已經超越馬拉葛西皮了，國內饕客亦漸熟悉這個新種。馬拉葛西皮的風味較溫和的原因是栽種地較低與豆子本身質地緣故，若栽種在海拔一千五百公尺以上，則酸質變得比較明亮且複雜度變豐富，低地栽種這款品種質地會不夠堅硬，加上豆型巨大，也不易烘焙，一不小心，苦感就會跑出來。二〇一二在維也納舉辦的世界咖啡師大賽（WBC），來自墨西哥的選手法布里西歐．席（Fabrizio Seed），以高海拔的馬拉葛西皮種榮獲亞軍，他在競賽中特別向

帕卡馬拉種去果皮模組。

帕卡馬拉種，宏都拉斯二〇〇六卓越盃冠軍批次。

評審陳述，這豆種確實不好烘焙，不留意就會產生微苦的不悅味道。

我告訴厄文，來檸檬樹莊園除了測尼加爪哇與帕卡馬拉種，還想嘗試不同處理法的風味，他準備兩款豆的所有處理法樣本，包括傳統水洗、日曬法、去皮乾燥法（蜜處理），讓我杯測。

厄文認爲，以杯測找出品種的原貌與測試不同處理法，是咖啡農的天職。我在後製處理場看到的是非洲式棚架日曬場（African Bed），於是決定測試更多的日曬豆與蜜處理法。傳統的尼加拉瓜日曬場多屬水泥地，少見棚架日曬設施，尼加拉瓜的採收後期恰好進入乾季，瑪踏尬帕等高原擁有豐富熾熱的日照，很適合天然日曬，我曾嘗試性的向咖啡農或處理場建議非洲棚架日曬，反而被問：「這時段的氣候很好、陽光足、日照又長，大面積的日曬場不是最好嗎？」厄文家族熱中測試各種能做出好品質的步驟，也不吝投資設備，在小量測試過能妥善翻動的非洲式棚架日曬設施與傳統大量塑膠鋪地日曬法的差異後，了解到品質確實提升，的確是競賽級咖啡必備的後處理設施，決定花費巨資設立大面積的鋼管棚架日曬場。

我決定引進不同的檸檬樹帕卡馬拉種到台灣，包括少見的蜜處理法。當年帕卡馬拉蜜處理產量很少，市場上缺乏可比對的樣品，多數咖啡農寧可全用水洗法，不願意冒風險改用其他處理法，對他們而言，全日曬或蜜處理法太陌生，有很高的不確定性，他們很熟悉水洗法，也知道整個程序，也因如此，蜜處理的帕卡馬拉種更珍貴。二〇〇九年以後，咖啡農的觀念才逐漸改變，並有不同的處理法逐漸引進台灣。

檸檬樹的帕卡馬拉蜜處理仍然有帕卡馬拉常見的香料與熱帶水果風味，這種強烈風格，是帕卡馬拉擁護者與討厭者互相辯論不休的原因；不僅如此，風味還帶有中東乳香與神祕的香料風，熱帶水果依舊，還有獨特的歐亞甘草甜、紅茶香、低溫時的神韻與味道非常特別，充滿異國風味。

尋豆筆記

馬拉葛西皮（俗稱象豆*Maragogipe*）與帕卡馬拉種（*Pacamara*）的前世今生

帕卡馬拉種跟馬拉葛西皮種有血緣關係，我二〇〇二年初訪中美洲，在薩爾瓦多聖安娜（Santa Ana）火山區首度杯測到數個國家頂尖的帕卡馬拉種，一嚐難忘！

當年首次的味覺體驗就在著名的珍希爾處理場杯測室。第一次測到濃郁桃子甜與香草風味兼具的水洗豆，我很驚訝的問珍希爾處理場經理：「這是哪個品種？」他指著生豆介紹時我還以為是馬拉葛西皮種，因其豆型頗大，經他解說，才了解這款與馬拉種外型同樣大的樣品，叫做帕卡馬拉種，但兩者風味頗不同！

四年後，二〇〇六年宏都拉斯卓越盃的冠軍也是以帕卡馬拉種勝出！當年擔任卓越盃評審的我，在競賽後驅車前往獲得冠軍的聖塔瑪莎莊園（Santa Martha）一窺究竟，果真莊園主人告訴我，如果當初用卡太依種參賽，一定贏不了其他強棒。

當年（二〇〇八），帕卡馬拉種像稀少的寶石，產量少，價格相對高，她的風味飽滿多變、明亮，有帶核水果的果酸或熱帶水果風味，也有濃郁的香料甜。常見的味道包括杏桃、香草、檸檬柑橘類、巧克力、熱帶水果（例如芒果、鳳梨）、柑橘巧克力、焦糖香料甜等多樣性的口感變化。

帕卡馬拉種採收量比常見的卡圖拉（Caturra）、卡太依略少，果實採收後無論是採水洗法或蜜處理法，工序都比較麻煩。帕卡馬拉不僅大顆，外型呈現長橢圓狀，去果皮機往往要另備不同的孔洞套件，甚至設備也不一樣。

【國際評審杯測報告】

檸檬樹莊園—帕卡馬拉蜜處理

□**國別**：尼加拉瓜

□**品種標示**：帕卡馬拉種

□**莊園**：檸檬樹莊園（El Limoncillo）

□**處理法**：蜜處理（ Natural Miel）

□**生產者**：殷孟雄芮斯．米瑞許（Inversiones Mierisch）

□**產區**：瑪踏尬帕（Matagalpa）

□**批次標示**：歐舍直接關係咖啡（Orsir Direct Trade）

□**歐舍杯測報告**：一爆中段起鍋，烘焙時間12分鐘。

□**乾香**：巧克力，熱帶水果甜，焦糖，烤臻果，香料甜。

□**濕香**：歐亞甘草香，茴香，油脂香。

□**啜吸**：油脂感，熱帶水果感豐富，肉桂糖，香草植物，歐亞甘草糖，甜感良好，屬於多變的香料與熱帶水果甜，紅茶香、紅茶甜感，低溫時熱帶風味迷人。

厄文與檸檬樹莊園的帕卡馬拉咖啡樹。

瑪踏尬帕區盛大的馬會。我拜訪檸檬樹與聖荷西兩莊園額外的收穫。

/第六章/

山林間的咖啡聖人

尼加拉瓜
天賜、希望莊園

全球總計有十一個國家的年度咖啡大賽採用卓越盃競賽（Cup of Excellence），這些重要產地國藉卓越盃競賽選拔年度優勝莊園，舉辦網路國際競標，咖啡農參加卓越盃競賽並無限制，主辦國的農民皆可自由參加。國際競標的規則亦然，任何人只要登記後皆可上網競標心目中的理想批次，競標時間內由最高價得標，該次競標金額多數歸咖啡農所有，一旦從競賽中脫穎而出，咖啡農的生豆售價通常也跟著三級跳，卓越盃咖啡競賽獲獎上台領獎的咖啡農，將如走「星光大道」的巨星般，名利雙收。一九九九年迄今，有超過九十場卓越盃咖啡大賽，許多咖啡農從此翻身、美夢成眞。

按照慣例，每屆卓越盃競賽都會在前十名總決賽（Top 10）結束的午後，通常是星期五的下午，舉辦「國際評審與咖啡農交流會談」（Friday Afternoon Farmer Meeting），安排來自各國的評審們與應邀的咖啡農進行交流。二〇〇六年的尼加拉瓜卓越盃競賽也不例外，我周圍是一群熱鬧喧譁、開朗又樸素的農民，他們很感興趣的看著我，七嘴八舌的打招呼兼提問，頓時，西班牙語環繞，還好有人以英語出聲，讓我鬆了口氣，趕快就坐自我介紹，開始與農民們聊起來。

陸續有人問：「你哪來的？是貿易商嗎？你有買過尼加拉瓜咖啡嗎？」我嘗試回答時，席中有人問了個問題，翻譯的朱莉亞（Julia）也笑翻了。朱莉亞是卓越盃大會義工，平時在伍茲．塔克（Uz Tak）非營利組織工作，她忍著笑意問我：「是這樣的，有人問除了當評審，你到底是來觀光的？還是來買豆子？」

｜大買家不會造訪的產區｜

環顧四周，會議所在地是風景迷人的古城格蘭那達（Granada），火山、大湖，此地有世界唯一的淡水鯊魚，國際評審居住的飯店古色古香，路邊還有供觀光客搭乘穿梭遊城的仿古觀光馬車，好一幅熱帶度假勝地的景致。這場咖啡農會議，在湖畔舉行，有點心相佐，難怪咖啡農質疑這些來自各國的評審，到底是來觀光度假，還是當眞來挑豆買豆的？丟出這問題實在不奇怪。

我的工作是找出高品質的咖啡，被質問是觀光還是買豆，內心其實有不悅的情緒，但思考後反而嗅覺到一絲契機。我直問在場的咖啡農：「你們有沒有最想問的事？你們想從國際評審的身上獲得哪些資訊？」幾位來自新西葛維亞（Nueva Segovia）的咖啡農透過朱莉亞詢問：「多數國際買家很少來我們的農園，根本不知道咖啡到底是誰生產的！」朱莉亞告訴我，買家多半是到貿易商的大型乾處理場，這些處理場年處理可達幾百萬袋，屬大規模機械化作業流程，到小規模精品莊園看咖啡成長、採收、濕處理初階段的買家確實屬少數。

我問朱莉亞：「為何買家不願意到莊園去？」她含蓄的表示，或許這些咖啡農產量少，逐一拜訪顯得沒效益。一聽這話，我馬上興奮的說：「我是小烘豆商，專找能種出好咖啡的小農！」朱莉亞說：「他們就是啊，你應該要去拜訪新西葛維亞的！」

｜優勝莊園雲集之地｜

當天我上網逐一調查卓越盃的優勝莊園資料，竟發現二〇〇五年的冠軍聯合莊園（ La Unión）、亞軍雲莊園（Las Nubes）、季軍賽普雷斯莊園（Los Cipres），皆在新西葛維亞區，當年度超過七十％的得獎莊園都來自那裡！由首都瑪納瓜到新西葛維亞車程超過六小時，要深入尼加拉瓜探尋精品，此區非訪不可。二〇〇五年得獎莊園中，有幾家竟然擁有小型乾處理設備（Dry Miller），一貫作業的乾處理可以確保自身的品質不被混入商業豆，但這些莊園卻是出口商的禁地，他們極不願意讓國際買家及烘豆商接觸到這些咖啡農，避免買家跳過出口商，直接找上這些優質的莊園。

頒獎典禮結束後當晚，我與幾位咖啡友人連夜搭車，暗夜中，延著公路往北前往新西葛維亞。二十四小時的便利商店在中美洲各國尚未普及，在加油站可打理一切，加油站附設的商店甚為便利，甚至有供應漢堡與速食，是往來商旅打尖休息的重要停駐點。我們凌晨在途中的加油站補給時，站內排隊結帳的都是參加卓越盃頒獎典禮的咖啡農，其中有下午才一起聊過天、還有幾位是上台領過獎的得獎者，我更加確定，即將抵達的區域是尼國精品區！路雖遙遠，我的信心卻更堅定。

新西葛維亞地圖與莊園分布圖。

往迪匹多與歐可塔的路標，二〇一四年剛揭曉的尼加拉瓜卓越盃競賽，優勝者幾乎都來自迪匹多。

迪匹多區的咖啡莊園。

抵達新西葛維亞的省會歐可塔（Octal）後，首站安排的還是著名的跨國企業大型工廠，數十萬袋帶殼豆儲放在倉儲區，有一貫作業的大型倉儲、去殼、分級、裝袋等乾處理後製設施，景象壯觀。因爲具備穩定的供應量，這是大型咖啡連鎖店、尤其年購生豆需求超過十個貨櫃以上者最適合採購的地方，但我不屬於此地，坦白說，這裡找不到我心目中的精品。

尼國此類大型國際企業至少有三家，經營生豆貿易的還有傳統的出口商、公會會員與具備出口能力的合作社，而我最感興趣是獨立小農，在刻意的要求下，才獲得安排參觀獨立小農、尤其是有乾處理場的小咖啡農。其中一家，處理場是沿著小客廳走向後方，轉角後，景象有如家庭手工業的小工廠。這種乾處理場用的是古老的木造振動篩選機來篩選、分級，機器延伸到木造建築的二樓，狹窄的梯間散落複雜的設施。當時，這樣的地方才是精品咖啡的藏身處。二〇一〇年後，有前瞻意識的小農合作社陸續添購處理設備，提升生豆處理與分級的能力，這些有共識的咖啡農以團體的力量，逐漸打破貿易商與傳統中間商的壟斷。

回到我拜訪的這個莊園，整個家族一年收成不到一百袋（每袋六十九公斤），園主自豪的眼神卻宛如經營一個帝國！供應的咖啡，絕對是親手把關，粒粒精品！斯言不假，此農園剛獲得當年卓越盃的前十名（Top 10），是尼國年度十大優勝莊園，在我主動要求拜訪剛得獎的莊園後，協助行程的義工才安排此行，貿易商原本的安排並無此類行程，要深入一窺家庭式的咖啡處理小場，無人引路不易接觸。莊園主人跟我說：「只有賣給你們這種自己找上門的行家，消費者才會知道我們家族的名字，傳統出售給貿易商的方式，豆子就淹沒在衆多咖啡中了，我們這裡有很多很好的咖啡園，大家都期待賣出去的麻袋上，能打上自家的名字，可惜如願者甚少。」

當年收成的豆子多數已出售，並無額外咖啡提供，莊園主人得知我眞的想買優質咖啡後，和幾位得獎的小農商量，異口同聲的推薦我去拜訪一個人：路易斯・阿爾貝托・巴雷斯（Luis Alberto Balladares）！

西葛維亞乾處理場，位於歐可塔。

新西葛維亞高海拔區，典型的精品莊園，遮蔭栽種，咖啡樹照顧良好，清楚標示栽種批次。

遲來五年的緣分

路易斯．阿爾貝托．巴雷斯在尼國咖啡圈也算是響噹噹的一號人物，二〇〇六年我初訪此區，一則缺乏拜訪管道，再者行程由大貿易商安排，未能見著路易斯。二〇〇八年我規劃小農行程，獨自再訪本區，總算踏入路易斯家族的處理場與杯測室，他卻不在，仍然緣慳一面。

二〇一〇年尼加拉瓜卓越盃競標，歐舍資深杯測師李美娟也是當時國際評審之一，她極力推薦這款以九一．三一的高分獲得總統獎的天賜莊園（Un regalo de Dios）季軍批次。她的杯測紀錄包括：多變風味、花香與獨特甜感等等，這正是我們採購的風味標的。

在如願標到這款季軍豆後，我接到莊園主人路易斯．阿爾貝托．巴雷斯的來函，他獲悉歐舍得標，很好奇得標者竟然是來自台灣，特別來函致謝，雙方約在當年東京的日本精品咖啡展會面。從第一次聽到咖啡農的推薦，到最後終於見面，沒想到花了整整五年的時間。

這緣分延遲了五年，競標前，我還不知道這是路易斯所種的豆子，冥冥之中自有註定吧！路易斯直到二〇〇八年底才買下天賜莊園，此莊園位於墨松提鎮（Mozante）的山區，與隔鄰的希望莊園（Finca La Esperanza）都擁有生產好咖啡的絕佳條件，而希望莊園也是路易斯的產業。

路易斯家族經營西葛維亞乾處理場多年，隨著國外買家逐年湧入，尤其找精品的烘豆商增多，路易斯看準這塊小衆但逐步成長的市場，不畏辛勞，根據專家的意見訂定逐年提升品質計畫，包括建立杯測室與與後端的乾處理，天賜莊園位於偏遠地區，路易斯的格局大氣，他決定更新莊園內的濕處理場設施，他的莊園已脫離傳統的家族莊園處理方式，轉向精緻機械化、更有效率的現代化濕處理模式，對品質的控管也更一致，減少人為疏失或天候影響。

天賜莊園咖啡農準備處理採收後的咖啡果實。

可連續作業的水洗式去果皮機。

天賜莊園美景。

｜人品好，咖啡自然好｜

劉德華的電影中有句台詞：「人品好，牌品自然好。」走遍世界各地莊園，我也不得不說：「人品好，咖啡自然好。」這句話放到路易斯．阿爾貝托．巴雷斯身上，恰是再貼切也不過了。

路易斯認為有緣買下此地簡直是「上帝所賜與的禮物」，莊園就以這個因緣來命名（西班牙文為Un regalo de Dios），此地土質肥沃、早晚霧氣迷人，空氣清新，是栽種咖啡的良地，他認為這是主的恩賜，我把中文定名為「天賜莊園」。

這名字也反映出路易斯的心靈與信念，他是一個大善人，忙碌於自家的處理場工作外，還身兼社區對外聯繫工作及公益事務義工，二〇一〇年天賜莊園獲得總統獎及國際評審九一．三的高分，他參與活動的社區中，有九個家庭共同發起修築教堂，得標後，他二話不說捐出全部所得約美金兩萬元來贊助修築教堂，獲得鄰里與尼國咖啡界的一致讚揚。

難得的是路易斯毫不居功，就在我拜訪該莊園期間，沒有預先告知，就帶我走進一間民房，屋裡聚集了十多位當地居民，路易斯對我說：「Joe，他們是專程在此等候你，謝謝你的捐款！」居民們環繞著我，高唱福音，那是發自內心的歌聲，之後獻上許多祝福，並在一本書上簽名留念，將書送給我。起初我不習慣，隨著嘹亮歌聲、虔誠的眼神，我內心逐漸融化，藩籬打開後，我見到人性眞誠的一面，已經不是感動二字能形容。

我不解的問路易斯：「你的優勝豆榮獲總統獎季軍，我不標，別人也會標啊！這筆錢是你自己捐出來的，我是無功不受祿啊。」但沒想到他態度堅決的說：「這是你的善心與上帝的旨意！我們非常感謝你！」

這樣的無私著實讓我有點慌張與心虛，我連忙告訴房間內的農民：「你們要感謝的是捐出得標款項的路易斯才對啊！我們沒做什麼，你們的咖啡品質優異，我只是剛好競標到而已。」

【國際評審杯測報告】

天賜莊園

- □ **莊園名稱**：天賜莊園（Finca Un Regalo de Dios）
- □ **莊園主**：路易斯阿爾貝托·巴雷斯（Luis Alberto Balladares Moncada）
- □ **名次**：季軍（二〇一〇年卓越盃全國大賽）
- □ **所在城市**：墨松提（Mozante）
- □ **產區**：新西葛維亞（Nueva Segovia）
- □ **莊園面積**：14.68公頃
- □ **海拔高度**：1750公尺
- □ **栽種品種**：紅卡太依（Catuai Rojo），馬拉卡圖拉（Maracaturra）
- □ **處理法**：水洗，棚架日曬。
- □ **批次量**：42箱
- □ **總量**：2746.05（1245.59 kgs）
- □ **決賽評分**：91.31分
- □ **杯測碼**：#293
- □ **得標者**：台灣歐舍咖啡（Orsir Coffee, Taiwan）
- □ **烘焙法**：一爆中段下豆、歐舍 M0 焙度（Cinnamon Roast），烘焙時間12分。
- □ **乾香**：油脂香、莊園巧克力、莓果香、櫻桃、花香、香料甜、很乾淨多樣的香氣。
- □ **濕香**：焦糖、深色莓果香、葡萄、柑橘果香。
- □ **啜吸**：很乾淨細膩、深色莓果、覆盆子、多款香氣、香料與薑花、莊園級細膩的巧克力、多樣莓果巧克力、柑橘甜、勃艮地紅酒、葡萄、奶油糖、黑櫻桃、甜鳳梨、花香與香料甜、紅茶甜感、果汁甜感持久。

後來我才知道，這筆錢捐助的對象很廣，不僅是教堂，還包括興建墨松提市鎮廳、興建處理場工人的住屋，並修築社區教堂，路易斯將得獎的功勞完全歸功給上帝與得標者，對自己的勤奮與奉獻卻絲毫不居功，這樣的人品，要說他的咖啡不好，我才不相信！

我曾在路易斯家族的西葛維亞處理場（Beneficial Las Segovias）的乾處理場杯測。杯測室採光很好，位於辦公室二樓，遠處有呈現鋸齒狀的美麗山區，這個空間寬廣、視線無礙的杯測室讓杯測氛圍很特別，杯測者的心胸也格外開闊起來。我在杯測室渡過四小時，逐一杯測十二個莊園三十餘款樣品，當然，也包括我們盡全力標下的天賜莊園，並將其引進台灣。這不全是受路易斯義舉感動，天賜這款得獎豆出衆的風味才是讓我想全力競標並引進台灣的重要理由。傳統的尼加拉瓜咖啡平易近人，就像羞澀內斂的老實人，天賜反倒像光芒四射的巨星。

｜與危險同行的尋豆路｜

除了天賜莊園，路易斯在墨松提還擁有希望莊園。二〇一〇年初訪時，路易斯說兩個莊園就在一塊，抵達後，才曉得原來所謂的「在一塊」可是分屬隔壁兩個山頭，開車還得四十分鐘左右的路程。出發前，我們在合作社的乾處理場聊了甚久，他告訴我，還得等兩個人，結果來者竟是兩位拿AK47的武裝士兵！當時不免猶疑：墨松提山區不安全嗎？（答案是：視情況而定。）

咖啡產區常流傳一些驚險或意外的事件，包括墨西哥與中美洲毒梟、瓜地馬拉山徑搶匪、尼加拉瓜山區地雷、肯亞綁架事件、哥倫比亞的游擊隊等等；我在應邀演講時，聽衆常發問的問題就包括，「去咖啡產區安全嗎？」

持槍的警衛在咖啡產豆國幾乎隨處可見，我曾在武裝警察與部隊前後戒護下，前往哥倫比亞游擊隊出沒的山區，幸好過程平安。相信我，沒有人希望遇到游擊隊，在薩爾瓦多，離首都不算太遠的聖安娜火山，咖啡農上山，還是有帶槍防身的習慣，拜訪產區，一定要多請教當地朋友當地有何禁忌、主要的安全顧慮是啥？關於安全，最好不要有例外發生。

歐可塔社區贈書儀式。

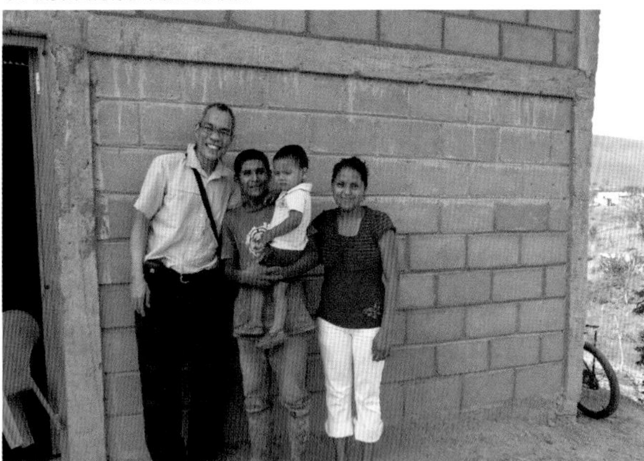

以天賜莊園得標款項搭蓋的宿舍。

在武裝警衛協助下拜訪墨松提希望莊園與天賜莊園。警衛身旁的兩年生帕卡馬拉種正好開花呢！

第一次來新西葛維亞與鄰近的山區時，仍聽到有農民不幸誤踩內戰時殘存地雷的消息，偶而也有搶劫傳聞，我在這幾個產區都遇過攜槍入山的咖啡農，多數是爲了自保，這次路易斯安排兩位拿衝鋒槍的武警，應該也是出於此意。探訪咖啡產區，尤其路程遙遠且有治安問題的山區，一定要注意安全，且要有周全的準備，進入山區心裡難免會有負擔，若能尋獲好咖啡，也算是撫慰緊張與辛苦過程的良藥了！

希望莊園海拔由一千三百五十公尺，逐漸延伸到一千八百公尺，僅三分之一的面積種咖啡，地勢同屬陡峭山頭。Finca La Esperanza，直譯即爲希望莊園，「希望」這名字在產區很常見，屬菜市場名，我拜訪過且引進台灣的同名莊園就有瓜地馬拉希望、尼加拉瓜希望、哥倫比亞希望、巴西希望。咖啡農似乎特別愛用「希望」這名字，爲了區別，我開始在「希望」前面加上地名，此次拜訪的希望莊園就加註當地城鎮名——墨松提（Mozante），成爲墨松提希望莊園，如此一來，更方便辨識了，再也不會「希望」滿天飛，搞不清楚是何方的希望。

拍照時，路易斯正緩步上走，照片背景是希望莊園剛栽種兩年的咖啡樹，種植帕卡馬拉種，陽光穿越遮蔭樹，他的身影就在林蔭與日照處穿梭，我跟著他的足跡，一邊深呼吸清新的空氣，墨松提乾熱且不時有沙塵味的濁氣已遠離，沁涼的山林氛圍取而代之，要體會「優質微型氣候」，不需高深研究，來此一趟即可明白，由乾熱小鎮進入山區，高度爬升過個山頭後，有如到了另一個世界。

希望莊園在墨松提的山區，往山區走要渡過乾涸的溪床，地形起伏陡峭，周邊山區蘊藏豐富的動植物生態，充滿原始林與高冷山泉，本區離歐可塔省會不遠，屬高海拔山區，平均高度可達一千六百五十公尺，早晚溫差大，常見雲霧裊繞，年雨量一千七百公釐，年平均溫度不到二十℃，與天賜莊園同爲砂質與石灰層土質，兩個莊園栽種出的咖啡風味都豐富細緻，二〇一二年的希望莊園，風味多了熱帶水果甜感，讓人驚喜。

拜訪天賜與希望莊園時，路易斯的新建濕處理場剛剛建構完成，位於希望莊園與天賜莊園的山腳，當日採收的咖啡果實可輕易運到此處，對品質的控管助益甚大。我在此地花了數小時拍攝採收與處理過程的影片，觀察咖啡農對品質的堅持與細節的注意皆令人佩服。二〇一二年這批優異的豆子，甜感出衆、莊園級的甜莓果巧克力口感更讓人印象深刻，唯一可惜的是，數量眞的太少了！

路易斯在希望莊園巡視已經栽種兩年的帕卡馬拉種。

/第七章/
瑰夏勁敵

薩爾瓦多
帕卡馬拉莊園

十一年前，首度拜訪薩爾瓦多，第一趟就被蒙特蕭恩（Monte Sion）有機莊園的波旁種「電到」，明亮莓果酸還帶甜感、餘味長——好咖啡！

幾年下來，對薩國強項的波旁種理出點心得，優質的薩國波旁容易找到清新花香、乾淨度、蘋果酸；水果風味有柑橘、葡萄柚、萊姆、莓果等，甜度細緻，巧克力或香草風味也常出現。另一款薩國人工培育出的帕卡馬拉種，近年在卓越盃咖啡競賽紅透半邊天，與巴拿馬的瑰夏並稱一時瑜亮，優質帕卡馬拉常具備厚實質地（Body）、熱帶水果風味，時帶明亮果酸、香料、也具備糖漿般的濃甜感。前有波旁，後有帕卡馬拉，「小國大實力」是我對薩爾瓦多精品咖啡下的註腳。

薩國咖啡種植面積約二十二萬畝，主要分布於西部歐阿恰班（Ahuachpán）、松松納提（Sonsonate）、聖薩爾瓦多（San Salvador）；東部聖米蓋（San Miguel）、烏蘇魯但（Usulután）、北部的恰拉提蘭夠（Chalatenango）等地。一九六〇年代，薩國曾為全球咖啡主要生產國，但薩國二十多年來缺乏有效的咖啡產業政策支持，例如咖啡農貸款需按收穫量來決定撥款額度，卻無法即時取得應急的資金來支付各項費用，造成咖啡農生產不順暢、無法增產等困境。二〇一一至二〇一二年受到颶風重創，產量驟降四十%，頓時成為中美洲的最後一名，情勢危急。

大環境不利，有遠見的咖啡農仍想盡辦法，企圖在「風味與品種」上找出利基，薩國的產量與國土面積顯然無法與鄰國如瓜地馬拉、宏都拉斯、尼加拉瓜競爭，無法以增產拚低價搶市占率的方法，僅能靠走出特色來區隔市場。

二〇〇〇年起，康系侯〔Consejo，即薩國咖啡委員會（Salvadoreño Del Café）〕仔細分析國際市場後，決定以「主打波旁種」來當做咖啡產業的振興方案，同時於二〇〇三年導入「卓越盃咖啡競賽」，此兩項決策為薩國咖啡帶來一線生機，活絡了市場也提高能見度，奠定薩爾瓦多知名的咖啡品種：波旁種與帕卡馬拉種。

波旁原已是薩國最大品種，全國栽種率高達六十%，薩國波旁的果實有四個顏色，紅、黃、橘、少量的粉紅波旁（Red、Yellow、Orange、Pink Bourbon）。而帕卡馬拉屬大顆種，是由帕卡司（Pacas）與象豆（Maragogype）兩個以人工栽培出的新品種。帕卡馬拉雖源自薩國，但產量遠比波旁少。薩國咖啡委員會以「微笑飲用（Drink it and Smile）」的行銷口號，加上微笑的Logo來推廣薩國波旁豆，並以不斷在卓越盃大賽出盡風頭的帕卡馬拉來強化「薩國有強種好豆」印象，兩大品種在全國大賽中競爭冠軍頭銜，每年卓越盃前十強決賽，「波旁 VS. 帕卡馬拉」，冠軍是哪個品種？話題不斷，也引起鄰國追隨搶種帕卡馬拉的風潮。

從二〇〇六年起，在尋豆或標豆過程中，我與歐舍的國際評審們杯測過三十個優質莊園的帕卡馬拉種，其中不乏精品咖啡圈的超級巨星，包括〇六年宏都拉斯冠軍聖塔瑪莎（Santa Martha），〇七年薩國季軍黑山莊園（Cerro Negro），〇八年瓜地馬拉冠軍茵赫特（El Injerto），以及薩國亞軍帕卡馬拉莊園（Pacamaral）。當然包括二〇一二年薩國冠軍布魯馬斯（Las Brumas）莊園。

帕卡馬拉風味飽滿，「豐富與多變性」是其他品種少見的，比如說，除了果酸與濃郁甜感並存，還帶有杏桃、香草植物、熱帶水果、巧克力、香料甜等多種變化。但有一好沒兩好，成熟的帕卡馬拉咖啡樹會呈現產量逐漸遞減或風味偶而不穩的狀況，對水土及微型氣候要求也高，在不恰當地點栽種，乾淨度就會略差且帶有不佳的木頭味。宏都拉斯的卓越盃冠軍聖塔瑪莎莊園主跟我分析過，喜歡帕卡馬拉種的烘豆商宜愼選產區與莊園，以避免踩到「老態」帕卡馬拉的地雷。

| 明星品種難伺候 |

講到薩國的帕卡馬拉種，得先介紹帕卡馬拉莊園。一九八四年厄瓜朵．法蘭西斯可（Eduardo Francisco）買下帕卡馬拉咖啡園成爲新主人，法蘭西斯可家族從祖父輩就開始在阿帕內卡（Apaneca）山區從事咖啡種植，迄今已超過百年。厄瓜朵想走和父執輩不同的路，決定栽種剛從薩國農技單位研發出的新種系帕卡馬拉，他發現這款新種外型碩大漂亮，優良風土條件下，可展現良好的風味與香氣。他發掘到新希望，找到心目中的明日之星，沒想到首次採收竟是苦差事的開始。

帕卡馬拉豆型太大，在處理場進行去皮分離的時候，常卡在機器的孔洞或間隙中，必須不時調整機器單獨處理。帕卡馬拉初期產量有限，加上薩國少見大顆種的果實，多數水洗廠都缺乏處理大顆咖啡果的經驗，更別提額外準備較大網目的篩網來特別處理帕卡馬拉種，自然不願意處理此新種。直到一九九〇年阿瓦善達合作社「Sociedad Cooperativa Ahuasanta」釋出善意，願與厄瓜朵簽約，採收後的濕處理問題才算解決。厄瓜朵無後顧之憂後，以更熟嫺的栽種技術、採收成熟度一致的咖啡櫻桃、再搭配細心的採收後處理，終於讓帕卡馬拉莊園的帕卡馬拉種大放異彩！二〇〇三年得到二十四名、二〇〇五年第七名、二〇〇八年榮獲亞軍，當年是我與日本的丸山咖啡共同標下這款亞軍批次。

引進新品種總是辛苦又高風險的嘗試，不說失敗機率高，若成功了，大家又一窩蜂跟進，但如果不嘗試創新，永遠等不到成功的機會，咖啡農的種種苦楚，不足爲外人道。

冒芽的紫色帕卡馬拉種，帕卡馬拉的果實以紅色居多，目前也有少量黃色種，而深紅接近紫色的則較少見。

花期剛結束的帕卡馬拉種，此品種的巨大葉片是品種特徵之一。

【國際評審杯測報告】

帕卡馬拉莊園

□ **國別**：薩爾瓦多

□ **莊園名稱**：帕卡馬拉（Pacamaral）。位於阿帕內卡（Apaneca），歐阿恰班（Ahuachapán）產區屬阿帕內卡依那瑪貼別的山區（Apaneca-Ilamatepec Mountain Range）。

□ **莊園主**：厄瓜朵．法蘭西斯可．黑蘇卡斯處瑪葛（Eduardo Francisco de Jesús Castro Magaña），榮獲2008年CoE全國大賽亞軍。

□ **莊園面積**：35公頃

□ **海拔高度**：1420公尺

□ **年雨量**：2800 mm

□ **年均溫**：23ºC

□ **土壤種類**：Loam

□ **遮蔭樹**：印尬斯與科八契（Mainly Ingas Sp. and copalchí）

□ **年產量**：800袋（60kg）

□ **本次競賽批次**：12袋

□ **國際評審分數**：90.88分

□ **濕處理場**：洛梢助列斯合作社（Beneficio Los Ausoles, Coop. de Cafetaleros Los Ausoles）

□ **本批次競賽優勝品種**：帕卡馬拉（Pacamara）

□ **處理法**：傳統水洗，後段棚架日曬。

啜吸資料

□ **乾香**：奶油香、香料、黑醋栗、紅茶香、香草、花香、櫻桃、巧克力、焦糖、精油、熱帶水果。

□ **濕香**：桃子、焦糖、杏桃、香草、茶香、莓果、香料

□**啜吸風味**：入口乾淨、豐富飽滿、油脂黏感佳、質地（Body）相當厚實、熱帶水果（芒果、桃子、梅、鳳梨、杏桃）、莓果甜酸、花香、精油香、甜感清晰並有甜肉桂風味、中低溫的質地更黏滑且有頂級的阿薩姆紅茶香、餘味有榛果巧克力、桃子與香料甜同時帶出熱帶水果的細膩風味。

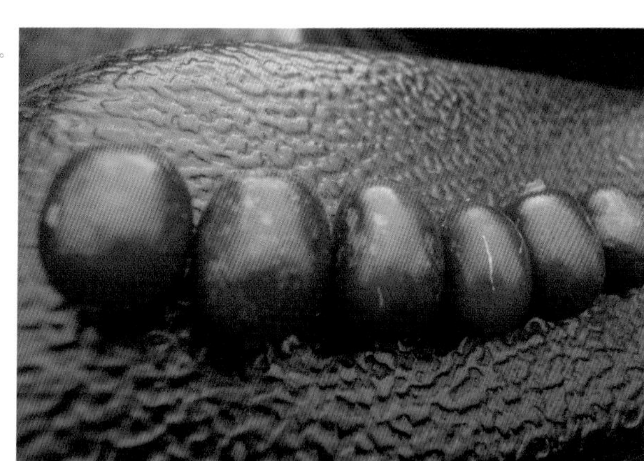
紅色帕卡馬拉果實。

咖啡農嘗試栽培不同型態的大顆種，圖為略帶扁圓狀的帕卡馬拉混種。

/第八章/

中興家業的咖啡王者

薩爾瓦多

雙冠王贏多的四莊園

尋豆者欲得好咖啡，必須踏入咖啡園、了解風土、確切明白風味價值，地理上，薩國有活躍且持續噴發的火山，火山灰帶來豐富礦物質；此外，薩國咖啡園多採遮蔭栽種，成為遮蔭栽種（Shade grown coffee）的典範，這對環境有益，對鳥類與周邊生物都好，有利於推廣「有機栽種」模式。高海拔區的咖啡農擁有好的地理條件與類似的栽種模式，冠軍如何脫穎而出？每年參加卓越盃競賽的樣品多達二百五十份以上，冠軍莊園該有哪些條件？在深度探訪薩國二十多個得獎莊園後，聶多與他所擁有的四個莊園或可提供線索。

聶多的全名是璜荷西．恩內思多．昧連德斯（Juan Jose Ernesto Menendez），朋友都叫他聶多（Neto）。聶多的家族自外曾祖母那一代就開始栽種咖啡，他算第四代，幼時雖曾在農忙時下咖啡園幫忙，卻從未想過以此為業。上大學就一溜煙跑去首都念企業管理，只想畢業後找份辦公室工作，當個輕鬆自在的小白領，不用在山上風吹日曬、辛苦幹活，但這一切卻隨著父親驟逝而打亂了他原本的人生布局。

聶多的父親於一九九五年過世，當時他才十九歲，就得繼承父親留下三十英畝大的聖卡洛斯（San Carlos）莊園，為就近照顧農園，他將大學課程由首都轉回聖安娜城，轉讀資訊管理。剛接下咖啡莊園的聶多對咖啡一竅不通，幸好哥哥找他一起到普羅咖啡（Procafe）上咖啡栽種課程，教室內的學員只有他仍未成年。聶多訪台時跟我聊到這段經過，他很老實的說：「我當時並不喜歡咖啡，進入這行實在是迫於情勢，硬著頭皮接下來。」

聖卡洛斯莊園海拔不算高，所產的生豆，一向都賣給附近的珍希爾處理場（James Hill）。一九九九年某日，聶多到處理場請款，當時珍希爾辦公室的電腦壞了，念資訊管理的他主動表示願意修看看，出納員很驚訝這個大學剛畢業的年輕小夥子竟把系統修好了。隔天聶多就接到珍希爾處理場經理的電話，「聶多，你願意來珍希爾工作嗎？」

到職後，聶多負責發展會計系統，過程中他才了解，處理場的帳務是很複雜的，他學到了很多關於咖啡處理成本與會計科目的知識，而找他去上班的經理也待他如子，更無私的教他很多咖啡專業知識。

｜具評審能力的咖啡農｜

有一天經理問聶多：「你會杯測嗎？」聶多老實說：「我沒杯測過。」經理接著說：「那你就去杯測室測看看吧！」隨即便吩咐杯測室主管讓聶多參與杯測。這是聶多第一次拿起杯測匙，沒有經過任何杯測訓練就趕鴨子硬上架。杯測進入尾聲時，經理進來問聶多：「樣品如何？」當時聶多還沒學過杯測，也不清楚形容風味的專用術語，只記得其中有一個樣品味道很不好，就指著某一杯告訴經理：「這批樣品有問題，味道不太對！我若是客戶，應該不會買。」經理很訝異的問聶多：「你確定嗎？這桌面上的樣品應該都達到出口標準啊！」接著經理又指著另一個樣品問：「那這批可以嗎？」聶多想了一下剛剛喝的味道才回覆說：「沒特別不好的味道，應該還可以。」

後來聶多才知道，負責品管的主任跟經理說：「這小子眞準！第一個樣品確實有問題，而第二個樣品符合出口品質但未達精品標準，是聶多家的聖．卡洛斯的豆子，他喝得出瑕疵豆與商業豆的差別，有點天分。」於是隔天經理就要聶多轉調杯測室，從頭學杯測品管。從那一天起，原本只是被迫繼承家業的聶多突然覺得，或許他很適合在咖啡業發展也說不定！

學杯測不難，多數人可藉由訓練與培養來增進杯測能力，精品咖啡杯測者必須長時間勤奮練習、具備細膩風味的分辨能力，聶多既有天賦又很勤奮，很快地，在處理場就引起大家對他杯測能力的注目。二〇〇三年，薩國卓越盃國內評審能力測試，聶多拿到第一名殊榮，從此聶多知道自己經由杯測鑑定樣品的工作中，已累積出判斷樣品是否具備競賽標準的能力。他還學到莊園條件、栽種與處理過程對風味的影響，聶多逐漸將杯測經驗、咖啡栽種與處理程序等專業知識融合一起，能力不斷提升。

當時薩國具備杯測能力的專家不到四十位，何況是終日辛勤的咖啡農？因此聶多的鑑別技術很快贏得重視，累積更多實務知識後，他明白繼承自家族的聖卡洛斯莊園因海拔不夠高且栽種條件欠佳，不足以成爲超級莊園，他暗下決心：有機會一定要買下具備優質精品潛力的莊園，才有機會在卓越盃競賽中獲勝。

外尋潛力莊園，是聶多邁向冠軍的第一步。不少咖啡農會自問：「我家的莊園條件不錯，爲何種不出優勝咖啡？」在競賽中無法勝出的因素當然很多，莊園本身條件優劣是其一，但又有幾個咖啡農願意承認自己的咖啡園不行？即便明白自己的咖啡園不是冠軍的料，也少有人願意四處辛苦找尋能種出冠軍豆的莊園。聶多不但有想法，更直接付諸行動！難得的是，他立志要找到冠軍莊園那年，還不到三十歲。

｜高海拔的夢幻莊園｜

偶然的機會，他獲悉聖安娜火山（Santa Ana）國家公園山頂附近，有人想出售小農園，那裡海拔最高達一千八百五十公尺以上，地勢崎嶇，不好照顧，日照時間不夠長、夜晚太冷、總體看來，對栽種咖啡並不利。聶多勘查過後非常興奮，他不怕苦！不擔心路途崎嶇，夜寒、難照顧、林相複雜，這些對他都不是問題，別人眼中不利生長的條件，恰是他眼中「溫差大，可栽種出密度扎實有好風味的地點」，聶多在此地嗅到一流莊園的氣息，買下後改名爲夢幻（La Ilusión）莊園，希望藉此莊園達到冠軍的夢想。

夢幻莊園咖啡樹的平均年齡爲十六年，有九十五％是波旁種（Bourbon），其中七十％是紅波旁種，二十五％橘色波旁種，其他的還有五％梯匹卡種跟薩國很罕見的肯亞種（Kenya Coffee Variety）。除了微型氣候優越，聶多還嚴格要求採收的品質與後製處理規格，訓練工人在指定的成熟度摘採，摘採後的果實再分級。聽起來容易，但執行起來可不簡單，因大多採收工人皆採按量計價，要求工人採摘一致的成熟度，其實是會降低工人採收速度與採收量，簡單來說就是跟「工人期望增加收入」相違背，加上夢幻莊園地型崎嶇，多數採收工視爲畏途，但聶多不厭其煩的培養出老班底來配合採收要求，成爲他旗下莊園品質出衆的重要原因。

聶多旗下四個莊園的採收後製處理集中在聖卡洛斯莊園進行，水洗法的咖啡果實都在當日去掉果皮與黏質層，並進行十六小時的乾式發酵。乾式發酵後要清洗，此地山區水質很乾淨，對發酵後待洗的黏質豆是一大助力，水資源匱乏或水質不夠乾淨，都會影響生豆後段處理的品質。後製處理的原則與「今日事今日畢」的哲學有異曲同工之妙，但「當日」處理，說來容易卻不易落實，尤其採收尖峰期，當日最後一批咖啡果送達處理場，往往夕陽西下，要工人堅持當天處理完畢，莊園主人要有很大的管理決心，以及付出較高酬勞，每天在現場關注叮嚀，才能要求細節上一絲不苟。

濕處理後的階段是日曬與乾燥，這是另一重大考驗！曝曬時間、翻攪頻率與環境濕度，都會限制且影響生豆的品質，豆子鋪開的厚度與翻動頻率考驗著技術、耐力、管理能力。聶多用超高的標準要求自己和工人，他心知肚明，達不到這些標準，想在全國大賽中獲勝，只能瞎碰運氣而已。

｜卓越盃兩次奪冠的薩國王者｜

兩年下來成效浮現，期間，聶多買下的另一處阿拉斯加（Alasca）莊園在卓越盃競賽中榮獲第八名的佳績，聶多深知位處高冷山巔的夢幻莊園，在他的培養下一定能出頭天。果然，二〇〇八年卓越盃競賽決賽揭曉，夢幻莊園一舉獲得冠軍！總決賽高達二十位國際評審打的分數都超過九十分以上，頒獎時，所有評審都起立鼓掌，向新一代名莊園致敬！

二〇〇九年日本的《一個人》雜誌（いっこじん）挑選夢幻莊園與瓜地馬拉冠軍、巴西冠軍並列爲二〇〇八卓越盃的三大天王。當年我亦是這三國卓越盃的國際評審，也探訪過三個冠軍莊園，觀看當年國際評審的杯測風味描述，當可明白夢幻名列三大冠軍莊園的原因。

一戰成名後，聶多聲望如日中天，旗下四個莊園炙手可熱，自此成爲著名豆商往來薩國的必訪重點。我趁頒獎隔天馬上啓程前往夢幻莊園，莊園內的崎嶇小徑與自然發展的咖啡樹的確罕見。一般莊園爲了採收經濟效益，咖啡樹叢是計畫性的栽種，並搭配在薩國常見的的破風林，但聶多保留了很多原生植物樹種，不破壞地

布魯馬斯莊園。

聶多旗下阿拉斯加莊園的橘色波旁種。

貌與自然生態，他並沒有採用「咖啡樹搭配破風林」的栽種模式。據他描述，此地野生動物極多，鳥類更豐富，尤其夢幻莊園旁的國家公園，就位於候鳥的遷移路徑上，應該會永遠是火山頂的一顆隱藏珍珠。到目前爲止，聶多還是薩國競賽史上唯一獲得兩次冠軍的咖啡農，除了夢幻莊園，二○一二年以布魯馬斯（Las Brumas）榮獲卓越盃冠軍，外加兩次頂尖前十名的紀錄，聶多在薩國咖啡界留下傲人的好成績。

｜霧漫莊園：挺過天災的優秀果實｜

布魯馬斯（Las Brumas）意指「雲霧環繞」，照意思直譯應爲「霧漫莊園」，布魯馬斯位於三座火山山脈的交會點，氣候迴異於聖安娜火山另一側的夢幻莊園，兩者咖啡風味各顯特色；布魯馬斯距離聖安娜城約四十五分鐘，最低海拔一千四百五十公尺，隨著路徑愈來愈陡，海拔也逐步攀高，最高處的原始林高達二千公尺，景致優美。

布魯馬斯的土壤養分來自依拉馬鐵別（Ilamatepec）噴發的灰燼所形成的火山沃土，二○一三年二月，我再訪布魯馬斯，在莊園停留超過五個小時，先是看著雲霧由天空緩緩下降，到了傍晚則由山腳升起濃霧。這景象奇異且壯觀，也因爲聖安娜、西羅微微（Cerro Verde）、依札扣（Izalco）三座火山形成的獨特微型氣候造成環繞不斷的霧雲，讓聶多有了取名爲布魯馬斯的靈感。

聶多以布魯馬斯拿下第二座冠軍的背後，有動人的奮鬥故事：二○一二年初，布魯馬斯莊園突然遭遇接連三天的強烈風災，最高處受損最嚴重，那裡栽種的正是準備拿來參賽的帕卡馬拉種。三天風災，該區損失九成的咖啡果實，突來的橫逆讓他足足悶在家裡痛哭十天，足不出戶。十天後，聶多回過頭來安慰跟隨他多年的老員工，要大家打起精神，仔細處理未受損的果實，挑出最優異的批次再次杯測，聶多說，該批次仍然是旗下四個莊園中分數最高的，他堅持挑受災的布魯馬斯最優批次參加二○一二年卓越盃，競賽揭曉，布魯馬斯得到最高分，再度拿下冠軍！

該年底歐舍咖啡邀請聶多來台灣舉辦座談會，在那場布魯馬斯首度抵台會談

【國際評審杯測報告】

夢幻莊園

□**國別**：薩爾瓦多

□**莊園**：夢幻莊園（La Ilusion）

□**標示**：2008年 CoE 薩國冠軍

□**產區**：阿帕內卡．依拉瑪鐵別山區（Apaneca-Ilamatepec Mountain Range），位於聖安娜火山。

□**莊園面積**：3.5公頃

□**海拔**：1750公尺以上

□**品種**：橘波旁與黃波旁（Orange and Yellow Bourbon）

□**處理法**：水洗發酵，天然日曬。

□**香氣**：玫瑰、蘭花、金銀花（忍冬）、很棒的紅酒香氣、頂級深黑巧克力香氣。

□**啜吸**：非常乾淨、莓果酸豐富、熱帶水果（芒果、杏桃果醬、無花果）。

□**甜的變化**：包括蜂蜜、黑糖、瓜類甜、水果甜。

□**酸質的風味**：有櫻桃、小柑橘、熱帶水果、波特酒、多種莓果。

□**整體描述**：由入口到結束都非常的優雅、持久的甜味。

中，他緩緩道出風災與奪勝過程時，與會者無不動容。幾年評鑑聶多的咖啡中，我知道他有機會就會收購咖啡園，他的藍圖是精打細算過的——足夠的海拔、微型氣候、土壤、以聖·安娜火山優先，他的處理場位於聖·安娜較低海拔處，這個家族莊園就是根據地。藍圖擴大，目前是優化產能與一貫作業。因此，買下咖啡園的栽種環境、細心照顧、仔細篩選咖啡櫻桃、挑剔的採收後段作業等努力，聶多從十九歲懵懂繼承家業的少年，到今日的成功，他的故事鼓舞很多人！

後記：

二〇一三～二〇一四年，由於葉鏽病猖獗，聶多的四個莊園受損頗鉅，除了損失三十%的收穫，品質也下滑很多，二〇一四年他打起精神，仍精挑一批豆子參加卓越盃且獲得優勝，但距二〇一二年的巔峰表現已有差距。

【國際評審杯測報告】

布魯馬斯莊園

□**國別**：薩爾瓦多

□**莊園名稱**：布魯馬斯（Las Brumas）

□**生產者**：恩磊斯多．瑪內德斯（Ernesto Menendez）

□**城鎮**：松松那提（Sonsonate）

□**產區**：阿帕內卡．依拉瑪鐵別（ Apaneca-Ilamatepec）

□**標示**：歐舍直接關係咖啡（Orsir Direct Trade）

□**採收季**：2012年3月

□**處理法**：傳統水洗

□**品種**：波旁（Bourbon）

□**咖啡生產規模**：60畝

□**海拔**：1700 公尺

□**杯測報告**：歐舍 Mo+ 烘焙度

□**乾香**：紅蘋果、蜂蜜、香料甜、花香、杏仁、檸檬香蜂草、糖果。

□**濕香**：蜂蜜、水果糖、櫻桃、薑花、紅酒、楓糖、焦糖。

□**啜吸**：乾淨、多種不同的甜感、白櫻桃、巧克力、杏桃、葡萄柚、小柑橘、果汁感、新鮮蘋果奶油、榛果巧克力、餘味多款甜香料與細緻萊姆酒感。

/第九章/

站在世界頂端的頂級莊園

瓜地馬拉
茵赫特莊園

中美洲衆生產國中，瓜地馬拉是國人最熟悉的，咖啡生產國常設有專責咖啡的部會機構，就像台灣的農糧署，瓜地馬拉的咖啡部會是安娜咖啡協會（Anacafe），它可能是各國官方咖啡組織中最會搞行銷的。安娜協會把該國咖啡分成八大產區，買家與老饕們都能輕易說出這些產區名，如安提瓜、薇薇高原或新東方、阿卡提蘭夠等。

八大產區之名能深深烙印在大衆腦海中，安娜咖啡協會功不可沒。其實協會提供的這八大區資料算入門等級，各區名氣不一，且名氣也不等於豆子等級與好壞，也就是說，最出名的產區不見得有最好的品質，名氣與基本資料只是供參考而已。

從安娜協會行銷角度來看，標榜「八大產區與基礎風味」有利市場推廣，有助於初接觸瓜地馬拉的業者一入門就能侃侃而談產區或風味，這種印象對實質採購幫助很大。但對精品有所涉獵的老手卻不會迷失在繞舌的地名中，所謂「產區」，對精明買家的幫助僅在於掌握地理與風味的關聯性。譬如，提到薇薇高原，老手會想到高海拔與明亮的果酸，不會聯想到火山或大湖地形，因為薇薇高原沒火山也沒大湖泊，老手仰賴的仍是實際走入莊園觀察。

下頁附表是我多年來在瓜國產區探訪的心得，與安娜協會的網站資料不盡相同（儘管安娜協會提供詳盡的分區資訊、咖啡風味與特色，足可當作商業豆的採購指南）。

附表雖提到八大區的基本資料與風味概述，但因天候與農作物的情況年年不同，尋豆者每年的實地參訪與杯測資訊會比較可靠，如果眞正想效法老手追尋精品，蒐集產區資料不必拘泥官方提供的資訊，重要的是留心莊園眞正的品質與當地的風土情況。

瓜地馬拉八大產區概論表

產區	產地概述	風味	海拔高度(公尺)
安提瓜 Antigua	舊都兼古城，離首都近，觀光勝地，是瓜地馬拉所有咖啡產區最著名的，也因如此，平均售價最高，假冒安提瓜的咖啡豆也不少。火山土壤、波旁種、高價位，是安提瓜地區的特色。本區以水火山、阿卡提蘭夠火山和火火山形成美麗火山群景。	安提瓜屬酸甜均衡風味，一般提到的瓜地馬拉標準酸度，多以本區為基準。	1500 ~ 1700
阿卡提蘭夠山谷 Acatenango Valley	瓜國第八個咖啡產區，早期被當作安提瓜的供應區，本區就在安提瓜隔壁。山谷氣勢磅礴，咖啡產區依火山延伸出的美麗山谷栽種，山谷保留住溫濕的空氣，加上早晚溫差大，造就產咖啡的好地形。	甜度佳，果酸味細膩，風味與香氣讓多數人都喜愛。	1300 ~ 2000
柯班．雨林 Rainforest Cobán	本區雨量驚人、終年雲霧繚繞、氣候涼爽，土壤含石灰質及黏土，採收後的處理往往影響到本區的咖啡品質。處理得好，風味很飽滿迷人。	口腔觸感好、常有驚人的巧克力或熱帶水果風味。	1300 ~ 1500
聖馬可士火山 Volcanic San Marco	雨量充沛，往往一下雨，就密集開花，本區咖啡的水準起伏很大，與採收後的處理有很大關聯。因雨量甚多，且咖啡採收後仍遇多雨，日曬乾燥要靠運氣，多數使用人工乾燥，但乾燥品質起伏甚大，造成本區咖啡品質不易保持一致性。	高海拔處，有明顯的酸度與甜度，採收後製與品質關聯甚大，若處理得當，會有相當飽滿且獨特的香氣。	1400 ~ 1800
阿提特蘭湖 Traditional Atitlán	屬瓜地馬拉火山咖啡產區之一。阿堤特蘭湖的土壤很肥沃，最高海拔的咖啡產在1950公尺處，且多數由斜坡延伸到阿堤特蘭湖邊，湖邊海拔高度仍有1500公尺，這裡也是瓜地馬拉最大且最有名的高海拔火山湖。	濃香黏稠的風味，品質起伏大，主因是採收果實精細度與採收後處理細節影響，本區甚多中小型合作社，但社員意見分歧，往往造成工作流程的改善，不易在短時間內達成改善共識。	1500 ~ 1750
薇薇高原 Highland Huehue	本區為瓜國咖啡產區，平均海拔最高的區域。屬瓜國非火山產區。本區距離首都路線崎嶇且幾乎最偏遠，因有來自墨西哥的乾燥熱風，山區雖高但並無霜害，因此能夠在近2000公尺處栽種咖啡。	酸質明亮細膩，甚至有花香與多變的風味。	1500 ~ 2000
法拉漢尼斯平原 Fraijanes Plateau	火山產區、海拔高，土壤內有豐富的浮石，甚至可以點燃，法拉漢尼斯的咖啡也屬風味均衡型，但比起安提瓜更有獨特的香氣與風味。在瓜國僅有靠近新東方的部分產區類似。本區的土壤特性、雨水豐沛與變化多端的濕度與溫度是咖啡風味突出的因素。	獨特的香氣但風味均衡，酸質較溫和、觸感醇厚，有特殊風味感。	1400 ~ 1800
新東方 New Oriente	遠離瓜國中心，靠近鄰國宏都拉斯，氣候有點類似柯班，但有的區域更熱，新東方也屬火山區域，風味與其他火山區極為不同。	香氣明顯，酸度與海拔成正比，部分區域香氣獨特，有巧克力與香料感。	1200 ~ 1700

｜好產區≠好風味｜

即便是同一區，風味也未必相同，例如在薇薇高原，越過一個山頭，咖啡的風味馬上可感受很大的改變，加上品種、處理法日趨多樣，咖啡的風味呈現百家爭鳴。產區資訊標示的風味與該區內的實際味道往往有落差，導致杯測師對風味描述更趨保守，僅願意概述，結果讓很多區域的風味描述看起來都差不多，反而無從詮釋瓜國咖啡豐富的地域之味。

最好的方式永遠最費時間也費勁——只能老實實以實際地點產出的批次，逐一記錄與杯測，根據實測的觀察與風味報告留下資料。尋豆者一直以實際測到的批次風味為標準，以前的風味是用來參考的，前後批次的差異可研究穩定度，但所有的資訊，都會在杯測結束後的討論時間，才會全部兜起來探討。二〇一三年初，我在安娜協會杯測一個星期，按這種模式與協會的杯測團隊杯測、討論；真正的杯測老手會極力避免被含糊不清的名產區與莊園知名度牽著鼻子走。

舉例來說，瓜國有很多著名莊園因得獎一夕變紅，莊園所在的地名也跟著有名了！周邊的咖啡園會改口說，「我們與當紅的得獎莊園來自同一個小產區」。著名例子如帕蘭西亞（Palencia），出了兩屆冠軍艾爾．薩克羅（El Socorro ）後，鄰居紛紛說：「我的莊園就在帕蘭西亞！」以前知道帕蘭西亞的人很少吧！多次名列卓越盃優勝的理想莊園也是，她位於盛璜．西提尬提貝（San Jan Stegatepac），但以前有幾個人聽過此區？

｜茵赫特：瓜地馬拉最令人尊敬的莊園｜

茵赫特（El Injerto）莊園在瓜國卓越盃競賽史上，九次入榜、勇奪六次冠軍！包括二〇〇八到二〇一〇連續三年大賽冠軍，難度好比連拿三次奧運金牌，夢幻到不可思議。二〇一一年讓出寶座，但二〇一二與二〇一三年又奪取兩次冠軍！瓜地馬拉高海拔出產好品質的莊園多不勝數，亦不乏百年以上具備良好傳承、有出衆風味者，能在瓜國年度卓越盃競賽闖入前十名，絕對名利雙收、揚名天下，此後買主源源不絕，不用擔心好豆無人知。類似故事發生在每一個卓越盃競賽的國家，在茵赫特之前，沒有任何莊園能衛冕三次卓越盃冠軍。事實上，茵赫特總共在十次的全國大賽中拿到六次冠軍，其餘三次都是頂尖前十名，令人佩服！（瓜地馬拉曾因故停辦卓越盃三年，否則茵赫特得獎紀錄不僅於此）。

我在二〇〇八年初訪茵赫特，從首都瓜地馬拉市往北前往莊園所在地薇薇高原，中南美洲各國首都的交通狀況是個夢魘，愈先進繁榮愈容易塞車，又以哥斯大黎加的聖·荷西市、巴拿馬的巴拿馬市及瓜地馬拉的瓜地馬拉市爲最。瓜地馬拉當地的公共汽車被稱爲「雞車」（Chicken Bus），常出意外，市民只要買得起汽車，絕對自己開車上下班，交通雍塞可想而知。清晨五點不到，我們起個大早驅車前往薇薇高原，避開途中的交通管制以及首都上班的車潮，這是漫長的莊園之旅。接近十點，在中途景點附近早餐。前方公路是前往著名的阿提特蘭湖，我在薇薇高原與墨西哥鄰近的小鎮待了三天，逐一探訪小莊園，前往茵赫特需先抵達行政中心拉莉麥達（La Libertad），進入山區沿著河岸旁的小徑，再越過莊園前的小溪流，才抵達茵赫特。

時隔五年，再度於二〇一三年拜訪茵赫特，除了杯測所有競賽批次，也想目睹他們如何因應咖啡農聞之色變的葉鏽病（La Roja）。

二〇一二年我在阿卡提蘭夠拜訪卓越盃獲獎莊園群，驚見路旁不少咖啡樹奄奄一息，兩側估計有八成以上的咖啡樹已遭葉鏽病攻擊，當時葉鏽病還沒成爲重大議題。時隔一年，葉鏽病襲捲整個中美洲產國，「精品咖啡即將絕響？」「羅姆斯達（Robusta）種系是未來唯一方案？」「你要覺醒，好咖啡可能不易取得了……」種茵赫特果樹的幼苗。

茵赫特的咖啡樹非常健康，無葉鏽病的蹤跡。

茵赫特莊園入口處。

果實呈現小顆狀的摩卡種。

阿圖拉與著名的摩卡種。

管理完善的種苗區，超過十三個品種，
供應莊園十四個微型產區。

種言論充斥在國際咖啡論壇、部落格或會議場所。

| 強兵壯種的抗病策略 |

二〇一三年二月底，我去了瓜地馬拉市的茵赫特咖啡館。咖啡館就在皇冠假日酒店（Crowne Plaza Hotel）旁，離安娜咖啡協會很近，皇冠假日酒店也是安娜協會的簽約飯店，咖啡同業對此地很熟悉，我在咖啡館二樓杯測茵赫特的樣品，是二〇一三年最新的批次。杯測結束我在樓下咖啡館遇到莊園主老阿圖拉先生，我請教他葉鏽病到底蔓延多嚴重？阿圖拉告訴我：「葉鏽病是可以預防的，對我來說，不是問題！」他看我滿臉疑惑，露出不信的表情，說：「Joe，你這次來的時間太緊，要再來！安排個四天去薇薇高原，好好看一下茵赫特。」就因爲阿圖拉這番話，二〇一三年四月，正當安娜咖啡協會緊急召開研商葉鏽病對策的國際會議時，我已經前往薇薇高原了，我想親眼目睹，有莊園可在葉鏽病無情肆虐下倖免嗎？

與第四代傳人、年輕的小阿圖拉（Arturo JR.，父子兩人同名）碰頭後，我們驅車往薇薇，車程長達八個小時，這是一段很適合深度交談的旅程，令我更了解茵赫特的緣由。第三代的阿圖拉．基雷（Arturo Aguirre）是家族眞正的掌舵者，小阿圖拉的祖父黑蘇阿基雷帕那（Mr.Jesus Aguirre Pana）取得這片美麗土地時，並未種咖啡，僅栽種玉米、豆類、菸草以及淺色棕糖（類似粗製的蔗糖）等經濟作物，到了一九〇〇年才開始種咖啡，之後，並以當地獨特的果樹「茵赫特」命名。

茵赫特（El Injerto）是當地獨有的水果，僅產在薇薇山區，葉片呈現細長的漂亮黃色，而Injerto西班牙文的意思是「稼接」或「接枝」，早年我不懂，將茵赫特莊園翻譯成「稼接莊園」，其實是誤會了！阿圖拉告訴我，很多人誤以爲茵赫特莊園的幼苗採稼接方式，其實他們從沒有用稼接模式培育咖啡品種。

老阿圖拉的童年很悲慘，他是家族第三代，卻缺乏家庭的溫暖，母親早逝，父親終年沉迷於派對與酒精，完全不管家族的咖啡事業，缺錢時就變賣土地家產來支應，因此老阿圖拉從小是由親戚撫養長大的。瓜國第一屆卓越盃舉辦時，有一個同名的「茵赫特二（El Injerto II）」也報名參賽，那座莊園就是被老阿圖拉父親變賣掉的部分產業。阿圖拉十來歲就在莊園勤奮的工作，堅毅的個性讓他能克服種種困苦並精進技術。成名後，他仍維持這種學習熱忱，不斷參訪各國知名咖啡農學習先進技術，回過頭來改善自己的莊園，由育苗、選種、施肥與照顧模式建立、採收、果實處理、修枝系統、風味追溯系統、競標模式等，由選種到生豆處理分級後的行銷導向，他完全實踐學到所有的細節。

｜與自然共生的經營哲學｜

茵赫特位於薇薇高原的拉莉麥達（La Libertad）鎮，莊園總面積七百二十公頃，卻保留四百七十公頃的自然原始林，目的是維持自然珍貴的微型氣候。阿圖拉說：「如果我們一直往較高海拔的原始林開墾，勢必因過度開採影響到整個莊園的微型氣候，這樣一來，位於莊園較低處約一千四百公尺處的咖啡林，會因為無法留住濕氣與低溫而變得愈來愈熱，品質一定會受創。同時，原始林周圍會過潮而無法控制黴菌與蟲害，也將變得無法栽種咖啡！」阿圖拉將高海拔森林邊緣的土地，撥給工人栽種蔬果，工人靠自己栽種蔬果解決了工人閒暇時的生計，增加新鮮食物來源，也確保整個莊園的生態品質，是非常聰明的做法。茵赫特也拿到雨林聯盟（RFA，Rain Forest Alliance）的認證，不僅如此，雨林聯盟每年會查訪認證的咖啡園並進行評比和打分，茵赫特都拿到九十以上的高分，堪稱雨林聯盟的優等生。

首日抵達莊園，眼前的景象難以置信！老阿圖拉二月時告訴我的事是真的！我在茵赫特莊園看不到任何一棵咖啡樹因為葉鏽病而受創！阿圖拉老先生說得沒錯：「採用強兵壯種的策略，讓咖啡樹不僅存活，還能健康的維持優良品質。」同時間在安娜協會緊急會議上的發言也並非危言聳聽，產區有太多的無奈，沒錢、沒資源等現實因素，茵赫特的做法要落實在各地並不容易，中美洲葉鏽病危機還是很嚴重，但茵赫特代表著另一種可行的抗病方案。

｜競賽下的急速成長｜

二○○七年以前，茵赫特一直以波旁種參賽，二○○四年，薩爾瓦多與宏都拉斯陸續有咖啡農以帕卡馬拉種在卓越盃競賽上贏得好成績，帕卡馬拉種的威力逐漸果實接收區的大型看板，清楚顯示合格的果實標準。

橘色標籤的波旁種，不同品種用不同顏色標籤，標籤上有詳盡的批次與處理等資訊。

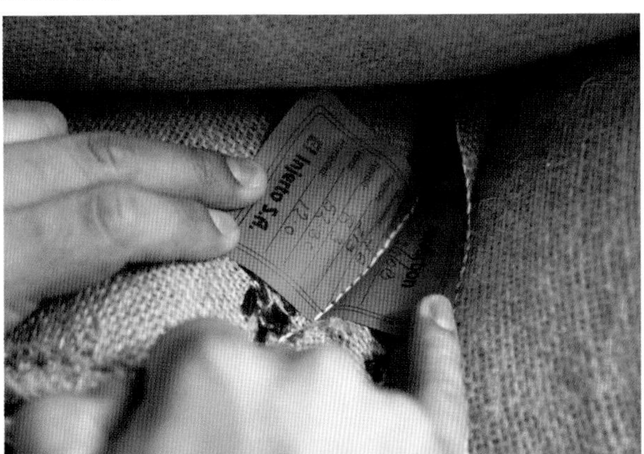

茵赫特處理場設備完善、管理一流且非常乾淨。老阿圖拉不斷的創新研究與投資各種設施，也是茵赫特維持高品質的重要因素。

影響鄰國。事實上，老阿圖拉早就在栽種不同品種，帕卡馬拉也是其中之一。二〇〇八年茵赫特改用帕卡馬拉參賽，連續三年都拿下冠軍，帕卡馬拉的光芒被老阿圖拉推到高峰，與各國爭相栽種的瑰夏種互別苗頭，一時間，兩大名種並稱瑜亮。

二〇一一年，老先生又有新嘗試，一方面持續參加卓越盃競賽，另一方面，看到巴拿馬翡翠的單一莊園競標效果，決定自行舉辦自家莊園競標，並以品種作爲競標區隔。同時，首度以馬拉葛西皮種（Maragogype）參加卓越盃競賽。首次以此品種參賽，拿下季軍殊榮，馬拉葛西皮亦屬大顆種，是帕卡馬拉種的源頭母種，二〇一二與二〇一三年連續再以帕卡馬拉種參賽，又奪回兩次冠軍。

阿圖拉投資在實驗品種的手筆很大，實際走趟莊園，我發現茵赫特所有栽種咖啡的區塊都有獨立名稱，像馬拉葛西皮種就集中在莊園的坦尙尼亞區塊（Tanzania），最新的H3種（羅米蘇丹與卡杜拉的混種，Rume Sudan and Caturra）尙在實驗，仍未大量栽種，檢驗採收且品質過關後，確定栽培的品質無虞且收穫穩定，就會逐步挑十四個區塊中適合者來推廣，增加種植面積並上市。二〇〇六年起，我杯測過的茵赫特大顆種，都達八十七分以上，無論競賽批次或是咖啡園的樣品，都有一貫的高水準，撇開得獎光環不談，每年在歐舍盲測瓜地馬拉當季樣品時（「盲測」指樣品不具名，僅有數字編碼，杯測結束前，不會公布樣品資料），茵赫特往往名列前茅。

三天下來，我沿著最低處的混種區、摩卡區，搭著藍色的吉普車一路往上探訪。每到一區，小阿圖拉會仔細介紹環境與品種，我走遍十四個微型產區，分析了十三個品種，從最高點的第一區往下看整個莊園，突然明白用高海拔原始林保護整個咖啡園的用意，阿圖拉家族深深了解山區的每一吋土地。莊園內的樹種，不管是咖啡樹或遮蔭樹都被同等對待，施肥與修枝並重，每年施肥都達十到十二盎司，一年施肥兩次，修枝系統採「同樹三代並存策略，採收後，僅留一根最新的強枝，其餘修砍掉」，咖啡樹採收後，同步進行留強砍枝的修枝系統。

潘朵拉區，以帕卡馬拉種出名，茵赫特參加卓越盃拿到冠軍的批次都是來自此區。

拉卡拉卡區，本區以瑰夏種出名。

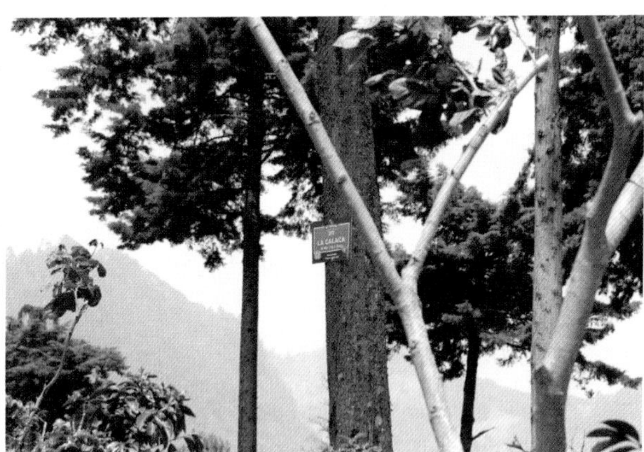

茵赫特莊園按海拔與微型氣候區分十四個生產區塊，以路徑與防護樹木來區分。

在栽種上如此用心，整個莊園的咖啡樹齡都很年輕，平均不到十五歲，園區工人整年度按部就班辛勤工作，採收、修枝、施肥，因爲咖啡樹結果後，最需要養分。採收結束，緊接著舉辦季末採收競賽，這個競賽是要摘採仍殘留在樹上的咖啡果實，因爲殘留的果實容易變成咖啡果蠹蟲（Coffee Berry Borer，簡稱Broca）的食物鏈與寄宿地，摘掉所有的殘餘果實可抑制果蠹蟲生長，舉辦競賽是爲了鼓勵負責栽採果實的婦女，一方面也深植正確照顧咖啡樹的觀念，用心良苦！

處理法也有學問，茵赫特以手工挑選紅透的咖啡果，脫皮處理果皮後進行兩次的密度、豆型尺寸區隔，並確定級數，洗淨後進入「乾式進氣發酵」發酵槽，以四十八小時進行發酵；接著以乾淨的山泉水洗淨，然後進入乾淨的水槽，靜置在水中一天（Soaking Rest）。完成後以陽光日曬進行預先乾燥（Pre-Dry），時間約三天，帶殼豆在日曬場的厚度不超過三公分。最後以大型烘乾機（Guardiola-type Coffee Dryers），以不超過攝氏四十五℃的低溫長時間乾燥，並且檢測豆體含水率的濕度到達界於十．五%到十一%時，才停止烘乾。

這還沒完，茵赫特莊園有自己的小型乾處理廠，烘乾的帶殼豆必須靜置四十五天，才做「去殼分級流程」的後段乾處理，主要以品種、密度、豆型大小來區分，經過去殼、分級、包裝、準備裝貨出口。每一批豆由採收日開始的每一個階段都有紀錄可追查。

｜自辦獨立競標的頂級莊園｜

茵赫特每年所產的生豆以獨立競標、最佳批次參加卓越盃、直接銷售三種管道出售，莊園自行舉辦的競標，稱爲茵赫特精選競標（El Injerto's Reserva del Comendador®）。此外，每年精挑最優的批次參加全國卓越盃競賽，直接銷售也占莊園銷售的相當比重，目前銷售的品種包括波旁種、帕卡馬拉種，以及安提摩（Antivo，指混合波旁與卡太依種的批次）。

到目前爲止，全球僅有四個莊園有足夠的能力與條件，獨立進行網路公開競標（Internet Coffee Auction），包括著名的巴拿馬翡翠、瓜地馬拉聖費麗莎、茵赫特莊園、尼加拉瓜米瑞許家族（即檸檬樹莊園家族）。網路改變了世界，咖啡界的競標模式也改變了，自辦獨立競標，優異的品質是首要條件，更須具備全球知名度，最後設有強勢的競標平台。二〇一三年首度舉辦的尼加拉瓜米瑞許競標，由卓越組織（ACE）舉辦，具足此三大要素，活動空前成功！但最後也是最重要的是：有足夠的買家願意在同一個時間於網路下標互相競爭嗎？

阿圖拉舉辦獨立競標是希望提供更多小量、獨特的批次給各國的烘豆商，尤其是剛崛起的亞洲市場。二〇一一年茵赫特首度獨立競標十分成功，隔年競標小顆摩卡種（Mocca）便拍出每磅五百美金！事先我推測過，這支摩卡種僅有數磅，價格可能會破紀錄，沒想到每磅超過五百美金！我還接到《華爾街日報》記者的電話，詢問我對此事看法，可見是一舉拍出舉世聞名的天價了。

但獨立競標並非高價的保證，二〇一二年茵赫特競標的帕卡馬拉與波旁的批次太多，導致波旁種僅拍出一磅六塊美金，讓阿圖拉父子倆很不滿意。隔年強化篩選過程，經過杯測找出好的微量批次。二〇一三年我應邀參加因赫特杯測團隊，經過密集杯測，提供競標的品種包括小顆摩卡、非洲瑰夏（據說來自馬拉威）、中美洲瑰夏（來自巴拿馬翡翠莊園）、帕卡馬拉與馬拉葛西皮兩款大顆種、波旁圓豆（Bourbon Peaberry），競賽批次來自茵赫特與馬卡拉米亞斯（Macadamias）兩個莊園，競標效果很好，平均每磅超過二十美元。

阿圖拉手指較細的枝條就是留下來的強枝，算此樹的第三代，較矮的是父親，剛剛被修枝掉的是祖父，也就是根部修平的部分。同一棵樹，採留強枝的三代輪流修枝策略，確保強壯樹種與僅產好果實的精華策略。

茵赫特莊園

2012年卓越盃冠軍的得獎批次，杯測資料如下：

□ **國別**：瓜地馬拉

□ **標示**：2012年瓜地馬拉卓越盃全國競賽冠軍

□ **莊園**：茵赫特莊園（El Injerto）

□ **產區**：薇薇高原

□ **品種**：帕卡馬拉（Pacamara）

□ **採收期**：2012年

□ **處理法**：水洗發酵後段日曬

□ **杯測報告**：歐舍 M0 焙度，一爆中段起鍋，烘焙時間12分鐘。

□ **乾香**：蜂蜜、莓果、花香、細膩熱帶水果香、太妃糖、花香、柑橘。

□ **濕香**：花香、焦糖、桃子、深色莓果、持久的香氣。

□ **啜吸**：乾淨細膩、油脂感細膩、桃子、高級紅茶、風味多變、酸質帶甜、蜂蜜、太妃糖、波羅蜜、花香、深色莓果、紅蘋果、覆盆子、勃艮地紅酒、莊園級深黑巧克力、柑橘巧克力、味道複雜、豐富、高雅、餘味變化多、細緻且持久。

茵赫特十四個產區範圍遼闊，端賴藍色小吉普才得以走遍，莊園保留不少原始林來涵養水源與調節氣候，這些區域不會栽種咖啡。

/第十章/
八大處理法帶來的驚人風味

瓜地馬拉
聖費麗莎有機莊園

聖費麗莎莊園（Finca Santa Felisa），是瓜地馬拉最著名的有機咖啡園，創辦人崔里達茲．克魯茲（Trinidad E. Cruz）於一九〇四年在阿卡提蘭夠馬雅人（Maya Kakchiquel）原住民區內創立，百年來與馬雅人和平共處，克魯茲家族因誠信且善待原住民，迄今馬雅人仍在莊園爲此家族服務，而克魯茲家族也進入第四代了。

現任經營者安東尼．味魅西斯（Antonio Meneses）於二〇一一年決定效法巴拿馬翡翠莊園，舉辦莊園獨立競標，這是目前爲止咖啡界僅有的單一有機莊園競標活動。聖費麗莎的品質與堅持有機的理念強烈吸引我，遂以歐舍名義參加競標並標得四個優異批次。後來安東尼跟我說，在台灣歐舍的大力支持下，包括亞洲地區的烘豆商也開始注意聖費麗莎，安東尼與我的交情自此開始。

聖費麗莎位於阿卡提蘭夠（Volcan Acatenango）火山區高海拔處，咖啡櫻桃熟成緩慢，擁有明亮酸質與驚喜的甜感，具備飽滿均衡的優勢，而聖費麗莎更有本區少有的青蘋果、桃子、奶油巧克力、乾淨的花香氣與細膩口感，百喝不厭。聖費麗莎莊園也是二〇一二年世界烘豆暨咖啡師大賽（World Roaster &Barista Cup）的大賽指定豆。

直到二〇〇七年，安娜咖啡協會才宣布阿卡提蘭夠成爲該國第八個咖啡產區，區內主要品種是波旁、卡太依與卡杜拉，阿卡提蘭夠位於其瑪提蘭夠（Chimaltenango）省，超過五千公頃的咖啡園都擁有火山沃土，咖啡園主要坐落於火火山（Volcan de Fuego）與阿卡提蘭夠火山兩大火山山脈的山谷間，後者還是中美洲火山的第三高峰。本產區約有四千家農戶，馬雅族人在此居住並維持傳統農作方式，咖啡栽種史可追溯到一八八〇年。聖費麗莎莊園向來與原住民族關係良好，已有原住民在莊園內的房舍生活超過四代，莊園農作都由馬雅族人負責。

｜客製化後處理的市場趨勢｜

安東尼與妹妹安娜貝拉（Anabella）眞心善待馬雅族人，我拜訪過的莊園中，安娜貝拉是唯一一個介紹所有工作人員讓我認識的莊園主人，她邊介紹邊說：「我以這些同事爲榮！他們在濕處理場連續工作三個月，要處理超過六個品種的八種後製法，非常複雜，但他們處理得很棒！」

我問過兩兄妹，爲何栽種這麼多品種並採用這麼多樣的處理法？安東尼說：「二〇一一年第一次競標結束後，我們發現來自全球各地的烘豆商對風味有不同的偏好與需求，觀察到客製化後處理應該是趨勢，『新處理法帶來的新鮮風味』很受青睞，在瓜地馬拉很少有咖啡農能有八種不同處理法的能力與經驗。我們逐一檢視莊園不同區塊與品種在不同處理法下的風味表現，這是一段漫長的實驗。杯測結果，風味的表現讓大家很驚豔，也成爲我們與其他莊園不同的利基所在。」

簡單來說，聖費麗莎莊園創造了品種與處理法之間，呈現不同風味的最多可能性。我們以一般泛稱「肯亞七十二處理法」的K72爲例，莊園主安東尼表示，K72是以紅波旁種在果實的甜度達到二十一度時採收。當日進行後製，篩選品質最好的果實進行去皮與發酵，於乾槽內發酵二十四小時，一天之後洗淨再度以乾槽發酵二十四小時，再洗淨，再發酵二十四小時，重複三次，合計七十二小時；此種發酵後洗淨的重複處理法，發源於肯亞，因發酵三次達七十二小時，因此稱爲肯亞七十二小時處理法（Kenya 72 hours，簡稱K72）；實際杯測K72，高甜度的波旁風味，可喝到糖漿般的甜感、滑順觸感、非常乾淨、酸質明亮細膩、羅望子（當地常作成蜜餞，酸味明顯，入口唾液直流，餘味帶一點甜）、梅子、葡萄的明亮酸、玫瑰香氣、餘味細緻，酸質高雅。

｜重量級杯測團隊測味｜

安東尼邀請各界大師參加杯測團隊，也是讓處理法不斷精進的原因，包括安娜咖啡協會首席杯測師、卓越盃主審厄瓜朵．安伯修（Eduardo Ambrocio），安娜咖啡協會杯測主管卡羅斯．穆紐斯（Carlos Muñoz），知名首席烘豆師璜．西偉斯德磊（Juan Silvestre），知名杯測師路易斯．阿瓦拉朵（Luis Alvarado），知名杯測師、

阿卡提蘭夠產區的火山美景。

聖費麗莎莊園-聖安東尼區。

聖費麗莎莊園的瑰夏突變種，紫色瑰夏，二○一四開始採收。

栽種在一七○○公尺處的新苗。

紅卡圖拉種。

聖費麗莎八大處理法的帶殼豆外觀。

二〇一〇年世界杯測大賽冠軍黑克都壘·岡薩雷斯（Héctor González），杯測團隊挑出分數達到嚴格標準的批次，才可用來競標。二〇一三年安東尼邀請我加入杯測團隊，十二天的緊湊杯測，讓我有機會深入茵赫特與聖費麗莎兩莊園的最優批次風味，實在大呼過癮。

我在產區尋豆十二年的過程中，藉著不斷學習、釐清問題、逐漸學到判斷品質風味的技巧。簡單說，必須日復一日不斷自問：「咖啡優嗎？」，但在「有機咖啡」的範疇，卻不是提問就有答案，跑了不少地方，並不易找到「有機且風味優異」的批次，即使買到，也不易年年維持同樣品質。這幾年，聖費麗莎補足了我的缺憾，深入了解聖費麗莎，發現每年的品質優異且穩定、價格合理，顛覆很多有機莊園給人的印象。

更難得的是，安東尼與安娜貝拉為人誠實，二〇一二年瓜地馬拉就傳出嚴重的葉鏽病害，百分之百天然有機的聖費麗莎因分區栽種細心呵護且樹體強健，安然躲過二〇一二年的劫難，但周圍十分鐘車程內的莊園，卻發生整批咖啡樹枯萎病死的狀況。然而，二〇一三年葉鏽病更加肆虐，已達必須噴灑藥劑的程度！整個中美洲的有機莊園幾乎無一倖免，聖費麗莎終究無法避過，安東尼兄妹拿掉「有機咖啡」稱號，並主動通報國外單位與往來的豆商，雖屬無奈，但這裡仍是符合環境生態保護的優質莊園。

【國際評審杯測報告】

聖費麗莎莊園

聖費麗莎有超過六十年的梯匹卡（Typica）老種，在二〇一三年的杯測中，拿下很高的分數與評價。以下為二〇一二年這區的梯匹卡風味介紹與當時的莊園競標批次資料。

- □ **國別**：瓜地馬拉
- □ **產區**：阿卡提蘭夠（Acatenango）
- □ **所屬省分**：其瑪提蘭夠（Chimaltenango）
- □ **莊園名稱**：聖費麗莎莊園（Santa Felisa Estate）
- □ **生產批次名稱**：歐舍直接關係咖啡（Orsir Coffee Direct Trade）
- □ **袋數**：20袋
- □ **採收季**：2012年2月
- □ **品種**：梯匹卡（Typica）
- □ **級數**：SHB
- □ **海拔**：1650公尺
- □ **溫度區間**：17 ºC到 24 ºC
- □ **年均雨量**：1200～1500 mm
- □ **產區**：Acatenango Valley®
- □ **莊園主**：安東尼．味魅西斯（Antonio Meneses）
- □ **有機認證**：美國、歐盟、日本（OCIA, EU, JAS）
- □ **處理法**：當地傳統水洗法，後段天然日曬，莊園處理場一貫作業。
- □ **杯測資料**：歐舍焙度M0，烘焙時間12分鐘，一爆中段起鍋。
- □ **乾香**：香草植物、櫻桃、蜂蜜、巧克力、焦糖。
- □ **濕香**：蜂蜜、奶油巧克力、香草植物、莓果。
- □ **啜吸**：焦糖甜、青蘋果、油脂感明顯、花香、奶油巧克力感、香草、紅莓果、杏桃、滑順細膩、蜂蜜甜、均衡且餘味持久。

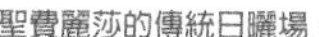

多數工人在莊園內都有永久房舍，
採收工正在篩選採下的咖啡果實。

聖費麗莎的傳統日曬場。

著名的甜度22日曬豆，品質的關鍵是挑甜度22的優良果實，棚架日曬。棚架上的果實平鋪高度不可以超過兩公分。

/第十一章/
中美洲巨星閃耀崛起

宏都拉斯
聖芭芭拉產區概述

我在二〇〇二年首訪宏都拉斯，當時咖啡處理場的設施頗落後，發酵槽內看起來久未清理，有些地方更不時聞到發酵的酸腐味。攸關咖啡品質的發酵槽，大多以水泥直接鋪設，內槽並未貼上磁磚，內壁卡著汙垢充滿異味，自然嚴重影響咖啡發酵的品質，也難怪當年的宏國咖啡，不過是商業配方豆中的「龍套」，喝不到出衆的風味，僅能靠大量低價傾銷市場。

二〇一三年卓越盃咖啡競賽創辦人暨卓越組織執行長蘇西．史賓德樂（Susie Spindler）在宏國卓越盃競賽的第一天簡報上，憶及二〇〇一年接受美國國際發展署（USAID）的專案前來宏都拉斯時，看到日曬場隨意堆放高度及腰的帶殼豆，她對宏國是否有精品豆十分存疑。宏國咖啡當局對蘇西解釋，該國咖啡大宗交易是商業豆，品質確實泛泛，但其實仍有好豆，宏國政府有心振衰起敝，方才透過美國國際發展總署聘請蘇西等專家來訪，評估能否藉由卓越盃在巴西的成功模式，帶動宏國咖啡產業，以高品質咖啡來改善農民的收入。

隨著宏都拉斯引進卓越盃競賽平台，十一年來的努力，宏國卓越盃大賽扭轉了各地買家對該國咖啡的刻板印象。例如，二〇〇六年我擔任卓越盃大賽國際評審再訪宏國時，驚訝的發現宏國出現了精緻的小型處理場，品質確實提升；二〇一〇年後，宏國更以細膩濃郁的水果風強烈吸引我，而日本精品咖啡界也發現宏國的轉變，雙方聯合，連續三年標購卓越盃前幾名批次，再次確認宏國擁有轉變爲巨星的潛力，二〇一二年起，我逐年排定造訪不同產區，企圖更深入了解宏國咖啡。

這兩年宏都拉斯不僅產量衝大，品質也進步，長期爲人詬病的處理與後勤運送問題漸改善。單以產量來說，二〇一一至二〇一二年，宏國咖啡躍居中美洲產豆國的龍頭地位，年採收約三百萬袋（每袋四十六公斤）。除產量提升，宏國政府的咖啡當局——壹咖會（IHCAFE）聯合有志一同的生產者與處理場，不斷精進，希望提供國際買家質優味美的宏都拉斯咖啡。

根據壹咖會資料，宏都拉斯咖啡可分爲六大產區，主要位於西部、南部的科班區（Copan）、歐巴拉卡區（Opalaca）、蒙德西猶斯（Montecillos）、鞏瑪阿瓜

（Comayagua）、阿卡塔（Agalta Tropical）、帕拉索（El Paraiso）；精品咖啡產區平均栽種高度爲一千公尺以上。品種主要有梯匹卡、波旁、卡圖拉、薇拉薩其（Villa Sarchi）與練匹拉（Lempira）等。

宏國咖啡等級目前還是按海拔高度粗分，三個等級與規定的海拔高度爲：S爲標準品（Standard），栽種高度爲六百一十至九百一十五公尺；HG爲高級品（High Grown），栽種高度爲九百一十五至一千二百二十公尺；SHG爲嚴選高級品（Strictily High Grown），栽種高度爲一千二百二十一公尺以上。宏都拉斯擁有栽種好咖啡的所有條件，高海拔、沃土、足夠雨量與清楚的乾雨季、勤奮的農民，如果能在後處理更精進並推出響亮的產區名，應有實力挑戰瓜地馬拉、力阻薩爾瓦多。因此，我對西部產區成立的「宏都拉斯西部咖啡」協會（簡稱HWC）及「馬卡拉咖啡」（Marcala Coffee）兩大品牌更感興趣，馬卡拉還包括南方與西南方著名產區如拉帕茲（La Paz）、鞏瑪阿瓜（Comayagua）、聖芭芭拉（Santa Barbara），尤其聖芭芭拉產區，二〇一三年的卓越盃競賽揭曉時，前十名竟然有九個優勝位於這個產區[（註2）]。

註2：

宏國除了以卓越盃競賽推廣精品咖啡，近期打算推出區域品牌，如同瓜地馬拉的八大產區做法，但宏國還做了註冊的大動作，這是受到衣索匹亞捍衛咖啡地理名稱的影響。衣國將該國盛產咖啡的著名地區——西達莫（Sidamo）、耶加雪夫（Yirgacheffe）註冊為商標，並展開對星巴克等大公司使用這些地名的侵權行為展開法律談判；宏國註冊的是西部咖啡（HWC），指由宏都拉斯西部咖啡（HWC）所生產與標示的優質咖啡，這是第一個受宏國政府保護的地理標誌（PGI），同時也註冊為宏國的財產權（IP）與品牌（MC）。

他們根據西部區域的咖啡採收與處理的檢測品質、杯測過程定下Grade 1與Grade 2的標準來提供市場採購參考；並依據感官與風味特色、地理區域、氣候、土壤、處理法等條件（organoleptic characteristics, geography, climate, soil, process）訂出宏國西部咖啡（HWC）的八個次產區，分別是：艾拉舖卡（Erapuca-Ocotepeque-Copán）、古伊莎優蝶（Güisayote-Ocotepeque）、西拉給（Celaque-Ocotepeque,Copán and Lempira）、布卡（Puca-Lempira）、卡馬帕拉Camapara（Lempira）、鞏各隆（Congolón -Lempira）、歐帕拉卡（Opalaca-Intibucá）、綠山（Green Mountain - Lempira）。

精緻的發酵後乾燥處理：小農以非洲棚架的概念，搭了近乎透明的棚架日曬室，可避免陣雨或是早晚的雲霧潮氣，紫外線可透入日曬室，即使雨天仍可乾燥帶殼豆，帶殼豆曝曬的厚度，也不會超過三公分。

二〇一三年兩度拜訪當地，特別拍攝了發酵槽與日曬棚架來說明十年來宏國小農的進步；照片的發酵槽有內貼白磁磚，這可避免發酵處理過程產生異味，也方便發酵後的清洗與維護，這種水洗發酵槽，將可大幅降低傳統詭異的發酵雜味。

歐文莊園美景。

歐文莊園的卡圖拉種。

除了西部咖啡外，宏國咖啡局大力推廣的咖啡產區還包括歐巴拉卡（Opalaca）與蒙德西猶斯（Montecillos），這兩區也包括了這幾年在卓越盃大賽出盡風頭的聖芭芭拉，此區也是我拜訪宏國的重點產區。二〇一三年，我在鞏瑪阿瓜與聖芭芭拉杯測到十二個優異的微量批次，整體均衡性好，與瓜地馬拉高海拔的明亮果酸比拚毫不遜色，而觸感（Mouthfeel）甚至更勝出！

聖芭芭拉的風味爲何這麼吸引人？二〇一一年的宏都拉斯卓越盃亞軍莊園歐文（Olvin）可爲代表，莊園主歐文．費南德茲（Olvin Esmelin Fernández）爲第三代經營者，二〇〇五年費南德茲繼承這個僅二．六公頃的莊園，此地海拔一千五百公尺以上，早晚溫差大、土壤與雨季等條件均優，生產的咖啡有很高的品質。當年我拿到卓越盃競標樣品，內部杯測發現這款豆絕對有九十一分的實力，所幸事後也聯合國際友人得標！

歐文莊園的高海拔低溫，導致咖啡樹生長較緩慢，採收期由十二月到隔年的四月，採遮蔭樹栽種模式且栽植密度較低，對於修枝、施肥、後處理的水汙染控制等都細心處理，避免破壞環境。採收期間，堅持挑正熟的果實並當日下午馬上進行篩選、去皮肉等過程，水洗、發酵作業時間長達二十至三十小時。確定發酵完成後，再度將帶殼咖啡洗乾淨，以上都是確保品質的細緻作業模式。

這批得獎豆香氣誘人、變化多層次，尤其有多款不同水果風味、甜感清楚、細膩的尾韻非常持久，即使在淺烘焙（例如歐舍的杯測烘焙度M0，一爆中段起鍋），清新的水果味與牛軋糖味、鼻腔的花香層層疊疊，不時流洩出誘人的甜感，會誤以爲是在享受一頓美好的下午茶。從歐文莊園，可看到宏都拉斯躍升爲中美洲明星的希望。

【國際評審杯測報告】

歐文莊園

□ **國別**：宏都拉斯

□ **標示**：2011全國卓越盃競賽亞軍（2011 CoE Honduras No.2）

□ **莊園**：歐文莊園（Finca Olvin）

□ **產區**：聖芭芭拉（Santa Bárbara Las Flores）

□ **莊園主**：費南德茲（Olvin Esmelin Fernández）

□ **品種**：帕卡斯與卡太依（Pacas and Catuai）

□ **採收期**：2011年

□ **處理法**：水洗發酵後段日曬

□ **得獎批次數量**：44 袋

□ **國際評審平均給分**：89.50

□ **杯測編碼**：# 818

□ **得標者**：Itoya Coffee Company, Maruyama Coffee（Japan）, Orsir Coffee （Taiwan）

□ **杯測報告**：歐舍 M0 焙度，一爆中段起鍋，烘焙時間 12 分鐘。

□ **乾香**：花香、紅櫻桃、太妃糖、榛果巧克力、杏桃、紅酒、草莓、奶油巧克力、多種甜、油脂感佳。

□ **濕香**：花香、蜂蜜、焦糖、薄荷、櫻桃、榛果巧克力、香茅草等多款香氣。

□ **啜吸**：乾淨且油脂感很厚實、風味很多樣、多款水果、很甜、黑醋栗、甜檸檬、香草、杏桃、榛果奶油巧克力、櫻桃、甜李、茉莉花香、質地很滑順、茶感、香料結合蜂蜜的獨特口感、整體味道豐富且多樣，甜感源源不絕、餘味多變且各種風味相當持久。

聖芭芭拉區的帕卡斯種，酸味明亮，風味濃郁。

/ 第十二章 /

慢工出細活的首屆墨國冠軍

墨西哥

戴爾・蘇斯必羅莊園

我們低估了墨西哥的咖啡實力！

以下關於墨西哥咖啡的數字，來自墨國當局與國際咖啡組織（ICO）的統計資料。

墨西哥有五十萬四千多名咖啡農，分布在十二個州。墨西哥咖啡栽種總面積爲六十三萬公頃。年度採收量約四百一十萬袋至五百一十萬袋間（以每袋重量六十公斤計算），但八十%的咖啡農，擁有的農地卻不到二公頃。小農所產的咖啡僅占總採收量的三十%，其餘高達七十%的咖啡由大型合作社或農場包辦。

簡單來說，墨西哥咖啡跟墨國的貧富差距一樣，該國有富比士排行榜的世界首富，也有無立錐之地的窮人，同樣的，墨國不乏供工業用、品質貧瘠的咖啡，也有剛躍上舞台發光的精品。縱然墨國的產量已列咖啡生產國的一哥，但缺乏明星精品，品質仍少爲人知。反觀產量巨大的巴西、哥倫比亞或衣索匹亞，即便以商業豆爲大宗，仍有出名的精品豆聞名於世，這是成爲產豆國一哥的必要條件。墨西哥地理位置猶如美國後院，一直以便宜的豆價，長期淪爲美國工業與商業用豆的「貼心」供應國，咖啡圈在談論各國精品時，幾乎沒有人提起墨西哥。

墨西哥全國十二州中，恰帕斯（Chiapas）、韋拉克魯斯（Veracruz）、瓦哈卡（Oaxaca）、普埃布拉（Puebla）四州包辦了全國近九成的產量。首屆墨西哥卓越盃競賽前，我測到恰帕斯、韋拉克魯斯的小農微量批次，品質竟然不輸中美洲國家的卓越盃優勝豆，驚訝之餘燃起深度探訪念頭，遂在二〇一二年墨西哥首度舉辦卓越盃大賽後深入韋拉克魯斯。參訪期間，不時可以看到墨國最高峰奧里薩巴山〔Pico de Orizaba 即西踏拉鐵貝山（Citlaltépetl）〕，海拔五千六百三十六公尺，火山延伸區域與各山區有很多微型氣候迥異的咖啡園，海拔一千六百五十公尺以上隨處可見正紅的咖啡果實，等待摘採。時序已近六月，隨手採顆果實一試，味道飽滿甜美且複雜，根本就是競賽等級的水準。氣候佳、環境優，墨國怎麼可能沒有精品呢？

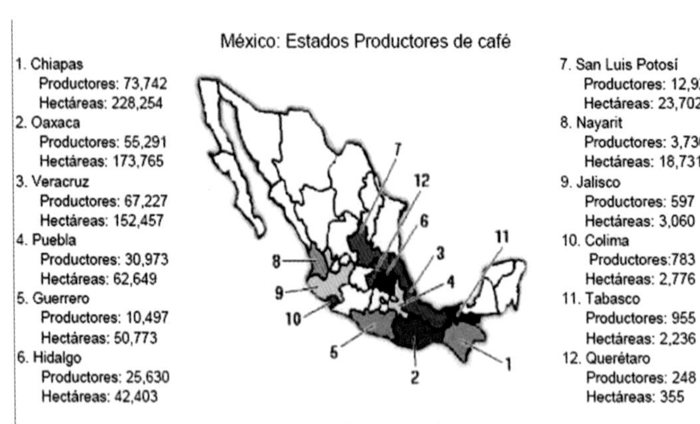

墨西哥十二州咖啡生產者與生產面積資訊。

抵達產區後發現，墨國栽種品種並無特別之處，還是以卡圖拉、梯匹卡、波旁、孟德洛莫、帕卡斯、葛羅尼卡（Catura、Typica、Bourbon、Mundo Nuovo、Pacas、Garnica）爲主[註3]，其中較少見的是葛羅尼卡種，這是墨國咖啡協會〔Mexican Coffee Institute，簡稱英墨咖會（INMECAFE）〕在一九六一年開始自行培育出來的品種，由孟德洛莫與巴西的黃色卡杜拉種人工培育而成，此種具有高產值的優勢，一九九〇年起農民開始大量栽種。

墨西哥具備傲人的栽種地型、好的品種、優渥的火山沃土，微型氣候更不輸南方鄰國，爲何之前沒出現過精品級咖啡？這個問題，國外買家常問，墨國咖啡當局也想不透。墨國咖啡當局觀察近年來薩爾瓦多、宏都拉斯甚至非洲盧安達的案例，發現唯有引進國際賽事，才能讓整個產業配合國外買家動起來，因此積極引進卓越盃競賽。

註3：
Garnica葛羅尼卡種，由孟德洛莫與黃卡圖拉人工培育，俗稱墨西哥卡太依種。

｜第一屆墨國卓越盃找出精品豆｜

精品咖啡史上，巴西是第一個從商業豆躍身成爲精品要角的國家。藉由一九九九年卓越盃大賽，巴西擁有精品好豆的事實，透過競賽迅速的傳遍全世界，並促成巴西精品咖啡協會（BSCA）的成立。經過十五年，巴西已一掃「里約怪味豆」的惡名。同樣藉由卓越盃競賽晉身精品殿堂的產豆國包括：尼加拉瓜、薩爾瓦多、宏都拉斯、玻利維亞、甚至盧安達與浦隆地，這些國家經由卓越盃競賽系統，舉國的咖啡產業、尤其專注精品的小農園，在栽種、施肥、採收、處理到後勤體系皆有全面提升。墨西哥精品之路起步雖稍晚，兩年下來進步神速，已經揭開了墨國精品咖啡史的序幕。

二〇一二年，墨西哥首屆卓越盃競賽，我與知名的豆商如美國知識分子（Intelligentsia）老闆道格·澤爾（Doug Zell）、咖啡進口商（Coffee Importer）的安得魯·米勒（Andrew Miller）、日本精品咖啡協會主席林秀豪（Hayashi）、丸山咖啡老闆丸山健太郎（Maruyama Coffee, Kentaro Maruyama）、英國平方英哩咖啡（Square Mile）的安妮塔（Anette）一起擔任評審[註4]。這是墨西哥第一次舉辦卓越盃競賽，翻開卓越盃歷史，各國首次辦卓越盃競賽一定是國際盛事，事後證明，首次卓越盃往往是該國開啓精品大門、揮舞旗幟進軍國際的轉捩點，如二〇〇七年的哥斯大黎加、二〇〇八年盧安達、二〇一二年同時有墨西哥與非洲浦隆地首度舉辦卓越盃，兩國一同跨入精品供應行列。

其中特別値得一提的產豆國是盧安達。盧國經歷種族屠殺的悲慘遭遇舉世皆知，引起世人一窺究竟的好奇心，當地咖啡品質本就頗有聲望，加上盧安達是非洲首度舉辦卓越盃大賽的國家，吸引許多知名國際評審爭逐席次。二〇〇八年首屆評審包括喬治·豪爾（George Howell）、林秀豪、丸山、傑夫·華茲、亞列克、甜瑪莉咖啡（Sweet Maria）的湯姆·歐文與我，這段經驗讓我比別人更早了解此一新興

註4：
卓越盃國際評審採申請制，但首度舉辦國或是重大競賽，例如2014巴西卓越盃，恰是第一百場競賽（累計十一個國家），因此採邀請制。

產區。

墨西哥即將舉辦卓越盃消息傳開後，開始變熱門，許多尋豆師耳聞墨西哥或有好豆，但傳說中的精品鮮少現蹤，參加首屆卓越盃的評審是一個可深度探討該國精品的好管道，哥斯大黎加與盧安達的經驗讓我爭取到墨國國際評審的邀請函。

| 商業豆處理場為品質不穩元兇 |

頒獎典禮後，我與數位評審連夜驅車離開人口超過兩千萬的墨西哥市，墨京海拔雖逾二千二百公尺，但距離所有產區都算遙遠，得連夜趕路才行。離京第二天，前往韋拉克魯州，新出爐冠軍莊園就在此州，實地勘查數個大型處理場與小型自家處理場發現，墨國豆長期以來的商業豆口感，問題出在「不當快速乾燥」。

墨國咖啡農採收咖啡櫻桃後的銷售與處理方式很多元，依區域特性，有的直接將果實出售給中間商，有的將果實送去處理場做後製再銷售，或者自行處理成乾燥的帶殼豆，再送去乾處理場脫殼、分級、銷售。

如此多元模式與搶時間的快速運作，代表品質極不穩定，咖啡果實成熟時期的採收，常同一時間需處理大量採收後的咖啡果實，壓力之下，通常盡速完成後製流程，處理場更常以高溫快速乾燥來烘乾帶殼豆，溫度常超過攝氏一一〇℃，整個烘乾時間不到二十個小時，嚴重導致風味流失與品質起伏不定。我在韋拉克魯茲就看到三種不同的水洗發酵後乾燥模式，此區多採人工烘乾或烘乾與日曬混合，但溫度與時間幾乎全憑經驗調整，快速的乾燥導致很多好咖啡白白喪失原有的好風味，令人扼腕！

| 高海拔莊園旁的列車風景 |

拜訪冠軍莊園戴爾．蘇斯必羅（Las Fincas Del Suspiro）後，更驗證我的看法，莊園主人阿雷鐵尼爾．沙帕達．特哈達（Artemio Zapata Tejada）聊到自家的處理法，他擁有精品咖啡農慢工出細活的特質：「我們懂得按部就班！不急躁！使用位於屋頂的木製小棚架，小量日曬乾燥，家裡也有一台先進的烘乾機，但溫度不超過

墨西哥首屆卓越盃，經常擔任各國評審者包括左一的俄羅斯沙夏（Sasha）、左二的美國安德魯(Andrew）、中間為筆者，以及最右的韓國皮爾（Pil）。

韋拉克魯茲小農設於庭院的簡易日曬棚架。

阿雷鐵尼爾在莊園的苗圃，親自解說品種與栽培過程。請注意，種子是直接在地上播種，不同於瓜地馬拉茵赫特的三階段育苗方式。

攝氏五十℃，烘乾總時間至少三天。」這樣的人工乾燥設定幾乎與哥斯大黎加得獎的處理場一模一樣，難怪拿下首屆冠軍。

我忍不住問：「後處理溫度區間與乾燥時間的經驗是怎麼來的？」阿雷鐵尼爾當工程師的兒子說：「因爲受到當地大學合作計畫的專家指導，由採收開始，每一個步驟都很講究。例如發酵完成，我們採用高速噴水器來清洗剛完成發酵的每個小批次，接著小心加溫緩慢烘乾，之後再移到棚架陽光曬乾。」發酵後噴洗再乾燥的處理方式，是我跑產區多年的首見。

戴爾．蘇斯必羅莊園還有個特殊之處，剛抵莊園我就看到一個由火車枕木做成的十字架，還聽到火車的鳴笛聲，沒想到莊園外頭竟然有一條鐵軌，列車恰好經過，算一算超過四十個貨車車廂從莊園旁呼嘯而過，咖啡莊園多位於高海拔處，火車是咖啡莊園難得一見的風景，我想這應該是第一個位處鐵軌旁的卓越盃冠軍莊園吧！

這款墨國冠軍豆的風味細膩，帶甜水果香氣與柔和多樣的水果酸甜、變化多端的香料甜、觸感細緻，與中美洲得獎豆的明亮果酸完全不同。更難得的是莊園主人精益求精的精神，不因得到冠軍而有絲毫懈怠，回台後阿雷鐵尼爾來信說他已經開始嘗試蜜處理法，風味與冠軍批次迥異，有更豐富多元的香料甜、更飽滿的水果風味，期待戴爾．蘇斯必羅莊園來年的好表現。

冠軍的祕訣之一，以洗車專用高速噴水機來清洗發酵完成的帶殼豆。

首屆墨西哥冠軍得主阿雷鐵尼爾，手持卓越盃冠軍獎盃，左側為他女兒。這是墨西哥首度上演卓越盃美夢成真版，從此戴爾．蘇斯必羅將一步登天，變成墨國名莊園。

【國際評審杯測報告】

戴爾．蘇斯必羅莊園

□ **國別**：墨西哥（2012墨西哥卓越盃大賽）

□ **名次**：冠軍

□ **園主**：阿雷鐵尼爾．沙帕達．特哈達（Artemio Zapata Tejada）

□ **莊園名稱**：戴爾．蘇斯必羅（Las Fincas Del Suspiro）

□ **城鎮**：帕秋．韋衣荷（Pacho Viejo），科鐵佩克（Coatepec）

□ **州別**：韋拉克魯茲

□ **品種**：Typica, Bourbon, Garnica y Caturra rojo

□ **處理法**：水洗法

□ **海拔**：1200公尺

□ **分數**：90.03

□ **批次量**：1786磅（27箱）

□ **得標金額**：50.21美元／磅

□ **得標者**：Maruyama Coffee（Japan），Orsir Coffee （Taiwan）台灣歐舍

□ **香氣與風味（Aroma/Flavor）**：檸檬酸、柑橘、桃子、焦糖、香料、蜂蜜、甜瓜、棕糖、檸檬與堅果糖、烘烤堅果等。

（citrus, mandarin orange, peach, caramel, sugary, spicy, honey, pear nectar, watermelon, brown sugar, lemon and nut candy, honey dew, toasted nuts）

□ **酸質（Acidity）**：檸檬、綠茶、明亮、乾淨、小柑橘

（lemonade, green tea, bright, enduring, clean, mandarin, tangerine,）

□ **其他**：豐富、飽滿、結構很圓潤、複雜、活躍的、餘味活潑且很持久、很均衡、雪加墳的餘味、奶油般的質感、深黑巧克力餘味。

〔rich, full, round, well rounded, complete, long lasting velvety mouthfeel, nice heft,（strength） well balanced, sweet tobacco aftertaste, buttery, dark chocolate aftertaste〕

□ **歐舍杯測風味**：M0焙度，烘焙時間12分鐘。

□ **乾香**：清新的水果甜、香料、莓果、甜鳳梨、蜂蜜甜、蔗糖。

□ **濕香**：莓果、淡雅的熱帶水果香氣、香茅、甜肉桂、巧克力。

□ **啜吸**：甜萊姆、鳳梨、蘋果、荔枝、香茅、細膩的油脂感、很乾淨、橙皮香氣、莓果巧克力、餘味有高級的雪茄與深黑巧克力，同時有莓果甜與淡淡的肉桂甜感。

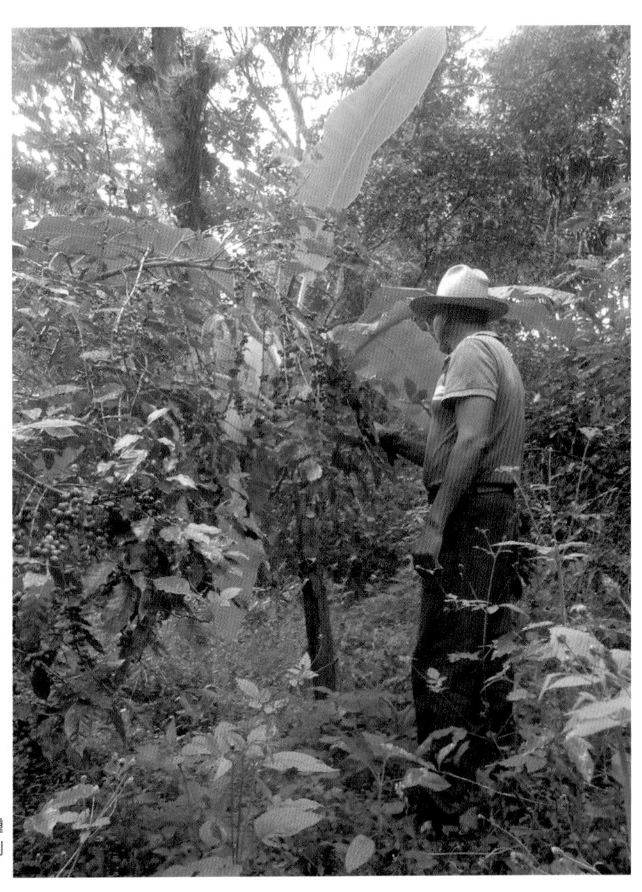

蘇斯必羅莊園的咖啡樹栽種密度低，確保每棵樹吸收到足夠的養分。

/第十三章/

直接咖啡之路：找到精品小型合作社

哥倫比亞
托利馬璜咖會與阿颮咖會

早期台灣能買到的咖啡種類少，「哥巴曼摩」幾乎就等於咖啡的代名詞，指的是哥倫比亞、巴西、曼特寧與摩卡，前兩者是產區國家，後兩者是當地的通稱，並非專指品種，久了大家習慣成自然，認爲某地豆子就該是某種味道。拿哥倫比亞來說，許多老饕以爲哥倫比亞的口感就是溫和，哥國各產地的風味應該都類似。其實不然，哥國共有十九個省產咖啡，氣候環境不盡相同，存在不同的地域風味，哥倫比亞身爲傳統商業豆生產大國，阿拉比加種（Arabica）產量居全球第二大，但要大幅度轉爲精品大國，並不容易。我在哥倫比亞繳了不少學費，才慢慢找到好豆。

從一九九〇年代我就開始接觸哥倫比亞咖啡，早年看到哥倫比亞咖啡局（FNC）標示著精品咖啡（Specialty Coffee）的漂亮麻袋，覺得既然標示著精品等級，應該就眞的是精品了。幾次採購發現，美麗的麻布袋、好聽的品牌名稱與品質實在是兩回事，少數批次的品質還可以，曇花一現實屬常態，久了不禁自問：「到底要如何才能買到哥倫比亞精品豆？」答案還是在深入哥國尋豆數年後，才逐漸浮現。

哥倫比亞的問題出在「乾淨度」上。精品咖啡重視乾淨度是有原因的，乾淨度好表示咖啡沒有負面風味，並可清楚呈現優質的味道，這來自「摘採好果實」、「嚴格後製」與「嚴格品管」，只有挑選熟成度恰當的果實，處理過程中隨時篩掉次級品或不良品，每一個步驟都經過仔細的控制與管理，才有辦法達到優質的乾淨度。

乾淨度不穩定表示品質時好時壞，原因很多：果實挑選粗糙、批次處理不當、帶殼豆去殼後分級沒做好，混合不同採收季與不同密度的豆子導致生豆老化、發白；尤其在乾處理的後製，往往混雜來自不同合作社（咖啡農）與不同採收期的咖啡，乾處理場不願意單獨處理微量小批次，這都造成了單一批次的乾淨度不一。因此，即便偶有佳作，品質也不易維持。

二〇〇六年起，我陸續拜訪哥倫比亞的北、中、南主要咖啡產區，甚至一年到訪兩次，當時哥國仍以商業豆爲主，生產合作社的主管見面後話閘子一開，往往隨口就問：「你一年買幾個貨櫃？」生產者關注的還是訪客的採購量，而非買家是否願意花大錢買高品質咖啡，他們尚未關注到「精品、微量批次」的領域。

｜直入產區找好豆｜

二〇一〇年後，哥國精品比以前多，多數咖啡農還是喜歡「以量談質」，有些小農能生產極優批次，但缺乏乾處理廠商支持，自己又無法獲得足夠的運轉資金與倉儲設施，無法直接以好價錢賣給烘豆商，遑論建立莊園品牌。大多數小農的豆子都賣給乾處理廠或中間商，最後好壞豆混雜一起，最好的狀況頂多是將咖啡集中到地區合作社，再按生產者的名稱銷售，對有心想更上層樓的精品咖啡農來說著實可惜。

哥倫比亞咖啡產業鏈較注重大量交易，導致早期我在哥國僅能透過卓越盃來競標優質小量批次，在哥國尋豆，無法採中美洲直接與莊園進行交易的方式。哥國擁有國際經驗、具備海外知名度、並有直接出口能力的小農極少，通常得透過地方合作社或烘豆商自行組織採購團隊，並找能信賴的出口商來搭配，雖然尋豆路坎坷，但反而讓我有機會在哥國開啓了直接關係咖啡（Direct Trade Coffee, DT）的模式。

哥倫比亞全國有十九個省分栽種咖啡，部分產區一年可收穫兩次，有些產區甚至終年都可看到採收咖啡的景象，哥國咖啡產區按省別的分布情況，由東北方的瓜西拉（La Guajira），到南方越過赤道的納尼紐省（Nariño），全國咖啡的生產範圍恰如安地斯山脈的走向與分布（the Cordilleras Occidental, Central and Oriental），國境也被區分爲太平洋、大西洋、中部與東部四大區塊（Pacific, Atlantic, Central and East）。咖啡種植主要由安地斯山脈的三個山系與聖瑪爾塔內華達山脈，蔓延到全國各地，北由大西洋、加勒比海沿岸往南到越過赤道與厄瓜多爾邊界處的中高海拔區域，幾乎都可發現咖啡栽種的蹤跡。主要產區則包括安蒂奧基亞（Antioquia）、托利馬（Tolima）、考卡山谷（Valle de Cauca）、卡爾達斯（Caldas）與金迪奧（Quindío）等等。咖啡栽植的土地面積約在八十五萬和九十萬公頃間，多數都屬商業咖啡，品質較好的咖啡約占三．三萬公頃左右，多數是高級商業豆，精品仍屬少數。

梯匹卡老種，在托利馬已少見。

托利馬的咖啡園。

往托利馬山區。

二○○五年，托利馬的小農已使用這種棚架來日曬，底部鋪可透氣的細網。

哥倫比亞栽種的阿拉比卡品種主要有梯匹卡、馬拉葛西皮、卡杜拉、少量的波旁與大量的哥倫比亞種〔源自帝摩種（Timor）並經過多代的人工配種〕，以及目前哥倫比亞咖啡生產者協會（FNC）大力推廣的卡斯提優（Castillo）種，此品種來自該國研究機構西尼咖會（Cenicafé）。

我關注的哥倫比亞精品，主要在托利馬、考卡、薇拉、納尼紐（Tolima、Cauca、Huila、Narino）等四省，在哥國尋豆就集中在這四區塊。而托利馬與薇拉兩地，一年有兩穫，因哥國中部以南到赤道間，受惠於赤道低壓帶的特殊氣候與地理環境，甚至一年內最多有六次開花期。

｜哥國獨特的氣候條件｜

赤道低壓帶（ITCZ）也就是間熱帶輻合帶（Intertropical Convergence Zone, ITCZ）所形成的帶狀低壓，受大氣環流影響帶來豐沛的雨量，本區位於赤道附近，氣溫濕熱原本不利於栽種高品質咖啡，但高海拔山區因地勢高達一千六百公尺以上，不僅溫度低，形成的微型氣候反而很適合栽種好咖啡。一般來說海拔二千公尺以上的地區偶而會遇嚴寒甚至降霜，赤道的高溫讓本區高海拔山區不會下霜，由海岸線到山區，海平面高度可以從零一路升到五千公尺，這種地形的劇烈差異，相當罕見[註5]。

右圖爲哥倫比亞各產區的咖啡採收期，紫色與橘色的部分表示一年有兩穫，剛好位於赤道附近，大多數分布於薇拉、托利馬等產區。海拔高、土質豐饒、溫度變

註5：

間熱帶輻合帶（ITCZ）：是太平洋上接近赤道附近的低壓雲帶，亦稱為赤道低壓帶。間熱帶輻合帶是東北季風與跨赤道的東南季風的交界面，會受太陽影響而變動位置。冬季時ITCZ會偏南半球，夏季偏北半球，受地形與海洋分布影響，會有差異，通常在北半球時間會較久，但有時會同時存在南北兩半球。哥倫比亞境内位於赤道附近的產區，隨陽光照射地球角度的不同，低壓雲帶也按季節向南或向北移動，形成雨帶的移動，受這股低壓帶影響的區域即「間熱帶輻合區」，即哥國南方幾個重要產區。如薇拉與托利馬，地勢都高聳、崎嶇，本區的豐沛雨量外，在每年的四月至五月以及十月十一月，都有足夠的雨量，形成本區一年內有兩個完整的咖啡生長周期。

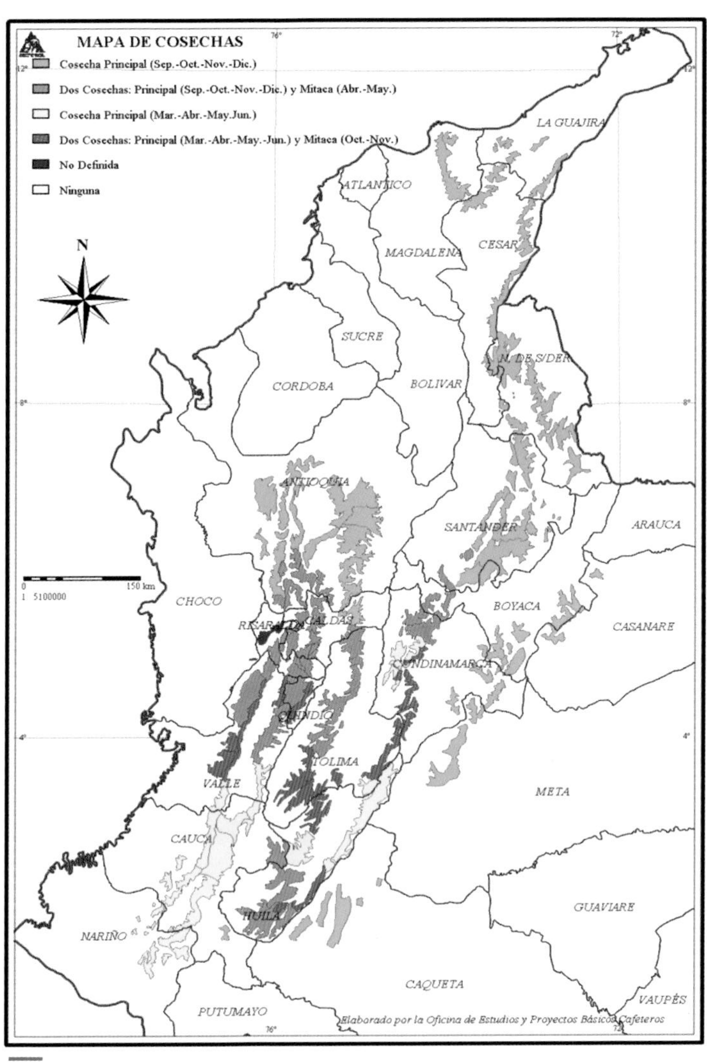

哥倫比亞各產區的採收期。

化在十八℃至二十四℃、沒有霜凍，以上是好莊園的基本條件，不少咖啡農提到莊園氣溫最好不要高過三十℃，也別低於十五℃，溫度過於極端對咖啡樹很不利，高溫多濕容易滋生病菌，降霜則傷樹，嚴重會導致樹種死亡，溫度過高或過低都會干擾咖啡果實的正常生長，適當的溫度區間，有利於咖啡果實的糖分和其他化合物的生成，緩慢生長對發展良好風味有很大幫助，挑選沃土與恰當的溫差區域，的確是栽種出好咖啡的先決條件。

｜咖啡農組成的小型合作社｜

哥倫比亞雖有精品，但不穩定的貨源與品質，是很大的困擾，在哥國要以「直接關係」來採購咖啡有很大的難度，必須克服很多問題。但直接關係讓咖啡農與烘豆商成爲生命共同體，比起公平貿易（Fair Tade），直接關係更能對整個咖啡產業發揮影響，不僅止於公益的觀念而已。

二〇〇六年九月，哥倫比亞卓越盃在薇拉省舉辦，我也是該競賽的國際評審，週五下午評完決賽，與農民的座談會中遇到幾個來自托利馬與考卡的農民，談話內容中得知，他們來自小合作社，不同於一般咖啡農民脫口總是「你買多少？」、「我們的品質有多好？」，這些小合作社咖啡農卻跟我大聊「栽種與品質及處理模式的關係」，他們提出很廣泛的問題，證明這些咖啡農有著濃厚的求知欲望。「台灣人喜歡哥倫比亞嗎？」、「喝精品比例如何？」、「咖啡市場多大？」可以想見，這群咖啡農的莊園中必有好豆。我挑選兩位栽種高手，留下聯絡資訊，相約頒獎結束後，拜訪莊園並杯測產品，當年就購進兩款哥倫比亞直接關係咖啡，分別來自托利馬與考卡的小型合作社，這些小型合作社是由農民組成，不透過中盤，也排除傳統的貿易商。

托利馬是哥倫比亞由首都波哥大往南的一個產咖啡重要省分，我合作的是阿波西克（APCEJC- Associacion de Productores de Cafe Especial Juan Café），簡稱璜咖會（Juan Café）。璜咖會以宜巴給（Ibagué）爲集散地，既非大出口商也不隸屬大合作社，更不是國家級組織的區域辦公室，而是由小咖啡農發起並向政府登記成爲合作社，加入的會員都是咖啡農。由於高達九十五％的哥倫比亞小農無出口能力，璜咖阿麗咖會的麻袋。

托利馬小農的發酵槽，不愧是卓越盃的優勝者，維持得很乾淨。

堆肥槽，採收期將去掉的果皮殘留物堆放於此，處理成天然堆肥。

會成立的宗旨就是讓社內的小農能聯合起來直接出口精品生豆，成員的共識是努力生產好咖啡一起出口，社內幹部要找尋國外買家，出口後，由外銷收入中提撥一定比例作爲合作社管銷經費，合作社成員向心力很好，均以自己生產的咖啡爲傲。

| 不能只看麻布袋上的產地名 |

另一個直接關係合作對象是阿颰咖會（ASORCAFE- Asociación de Productores de Café del Oriente Caucano）。阿颰咖會位於考卡省（Cauca）的省會波帕揚（Popayán），該協會有四百名小咖啡農，其中五個成員得過卓越盃競賽優勝，協會雖小，高手不少。波帕揚是哥倫比亞很重要的咖啡集散地，大型的乾處理場與貿易商辦公室群聚此市，由波帕揚往東一百公里才是咖啡種植區，例如蔭薩（Inza），前往該地要越過三千五百公尺高的安地斯山，車行三小時崎嶇的山路後才會抵達。

阿颰咖會的咖啡農，平均栽種咖啡的面積不到兩公頃，每戶生產的量不多，藉合作社模式，集中會員的收穫後再篩出較優的批次，直接銷售給願意付較高價錢的好客戶，會員們的產品依評比的高低分級，協會同時提供栽種與處理的訓練課程，目標都是提升咖啡品質，此模式對生產好豆的小農特別有利。

在哥倫比亞咖啡麻布袋上，傳統上，僅標示波帕楊（Popayan）或梅德林（Medellín）等名稱，指的其實是集散地，不是咖啡眞正的生產地，傳統的生產標示對認識小產區辨識莊園或合作社，不具備參考價值，而採購阿颰咖會的直接關係咖啡，不僅標示出小產區印薩，還有金字塔（La Piramide）字樣，協會主席寇安尼．卡斯提優（Giovanni Castillo）解釋，由波帕楊抵達印薩前，必先經過高聳的安地斯山，沿途雄偉的山勢如金字塔，尤其當陽光照射在山後時，襯托出山形更是雄壯！因此協會特別將最頂尖的批次以金字塔命名，印薩高品質的咖啡，會出現的風味包括：蘋果、梅香、甘蔗糖、花香，常有濃稠的甜感與厚實如油脂般的質地。

【國際評審杯測報告】

托利馬璜咖會

- □ **國別**：哥倫比亞
- □ **省分**：Tolima（托利馬）
- □ **平均海拔**：1500公尺
- □ **品種**：卡圖拉（Caturra）
- □ **標示**：直接關係咖啡
- □ **合作社**：璜咖會（Associacion de Productores de Cafe Especial Juan Café）
- □ **採收期**：2007年
- □ **處理法**：傳統水洗法、架高棚架日曬。
- □ **杯測報告**：歐舍 M0 焙度，烘焙時間12分鐘。
- □ **乾香**：焦糖、水果香、細膩的香料甜。
- □ **濕香**：油脂香、香料甜、莓果甜。
- □ **啜吸**：入口的香氣上揚至鼻腔且停滯甚久，質地清楚且滑順，黑糖甜、栗子香、櫻桃巧克力、吞嚥後，有明顯的香料感且不斷的變化、莓果酸與黑糖甜交互著，帶出多變的餘韻與香氣，是款豐富、活潑的典型優質托利馬。

【國際評審杯測報告】

阿颼咖會

□ **國別**：哥倫比亞

□ **省分**：考卡省（Cauca）

□ **主栽種地**：印薩（Inza）

□ **平均海拔**：1700公尺

□ **品種**：卡圖拉（Caturra）

□ **標示**：金字塔（直接關係咖啡）

□ **合作社**：阿颼咖會（ASORCAFE - the Asociación de Productores de Café del Oriente Caucano）

□ **採收期**：2007年

□ **處理法**：傳統水洗法、架高棚架日曬

□ **杯測報告**：歐舍 M0 焙度，烘焙時間12分鐘。

□ **乾香**：油脂香、莓果酸、蔗糖甜、太妃糖、香料甜、很濃郁的香氣、多款草本植物涼香、奶油、杏桃。

□ **濕香**：香料甜、梅子酸香、剛熟的紅蘋果、莓果、類似水果籃般的多款水果香氣、甜巧克力。

□ **啜吸風味**：細膩，奶油般滑順的質地，白葡萄柚與梅子的酸香，花香，吞嚥後喉部殘留的甜感久、甘蔗甜、葡萄乾、萊姆、甜感細膩風味多變香氣清晰。

尋豆筆記

我心目中的完美咖啡交易模式：直接關係咖啡

「直接關係咖啡（Direct Trade Coffee）」，即「農民直接賣咖啡給烘豆商」，簡稱 DT（Direct Trade），農民的咖啡不賣給中間商，不透過處理場或貿易商仲介，咖啡農直接提供高品質的咖啡給海外的烘豆商，這種模式稱為「直接關係咖啡」。少了中間商，農民得到的是遠高於市場收購價的優渥價格，「直接關係」的價錢絕對遠高於公平貿易的成交價，也超過國際市場成交價至少一半甚至兩倍以上，碰到極優好豆，超出三倍也時有所聞（以二〇一四年初紐約C市場平均價格計算）。

好的咖啡價格讓農民能安身立命，持續並專心栽種、處理好品質的生豆，資金足夠，農民才能進一步投資處理設備並專心栽種、培育、更新高品質的樹種。

業界也有人稱直接關係咖啡為 DR Coffee（Direct Relationship Coffee），其實不論 DT（Direct Trade Coffee） 或 DR，講的都是同一模式，精品逐漸形成風潮，我在國外產區遇到不少中間商（或貿易商）也運用並宣稱此種模式，他們自認是烘豆商的採購代理，推「直接採購」。

但探究實質，生豆由咖啡農到烘豆商，烘豆商銷售給消費者的過程是最快捷的，只要多經一手，「直接關係」的精神就有可能走調，採購多一個環節就多一層成本與利潤的考量，無法對市場提供充分的產區資訊，且消費者回饋資訊無法傳遞給咖啡農作為生產改進依據，才是導致走調的雙重主因，烘豆者如果對前端的生產者態度、價值觀甚至生產、處理細節不熟悉，就無法翔實對消費者解釋產區履歷，另一方面，烘豆商沒有直接管道聯繫生產者，也讓生產者無法獲悉消費者對產品的感受與偏好，烘豆商、生產者與消費兩端的資訊串不起來，對共同維護高品質的咖啡鏈來說，不易持久。

只有烘豆商與咖啡農彼此了解且認識對方，雙方清楚由咖啡樹到咖啡桌的整個過程，雙方才會有生命共同體的革命情感，這正是直接關係咖啡真正精神所在。也因如此，我對直接關係咖啡的定義是：

一．烘豆商直赴產區尋找優質咖啡。

二．農民將咖啡生豆直接銷售給烘豆商（即使需要中間處理廠商、農民也參與作業並協同出口，過程與成本都透明）。

三．咖啡農與烘豆商建立直接的採購關係，雙方清楚整個交易過程。

符合以上定義，即可稱為「直接關係咖啡」或「直接採購咖啡」甚至簡稱「直接咖啡」。運作的關鍵是讓生產好咖啡的農民有更多收入，另一個重大意義是以莊園名字銷售咖啡，這是很多農民感動且由衷支持直接咖啡的原因。以前的傳統採購管道，農民永遠不知道他們辛辛苦苦栽種的咖啡是誰喝掉的，味道如何？他們喜歡嗎？直接關係模式下，農民的名字不會被淹沒隱藏，也不是僅以合作社名字當銷售代表而已，農民在咖啡袋上可以清楚看到莊園名稱甚至家族名字！這個現象是由消費者、農民、烘豆商所共同建構的，也是直接採購的精神。

直接採購咖啡的過程中，第一項工作是建立與農民的「直接管道」，烘豆商必須具備辨識精品咖啡的杯測能力，必須親臨產區與咖啡農詳談、杯測。

第二項工作是建立處理與出口管道，甚至要協助農民，雙方在杯測後針對品質討論，除了商談價錢還要討論處理細節，聚焦在提升處理標準或維護現有高品質的實務做法上，並協助農民出口等候勤事項。

第三項，生豆運抵消費地，新鮮烘焙後供應上市，烘豆商將咖啡農的最新情況、詳細生產資訊介紹給消費者，咖啡農由品種挑選、栽種、維護到採收與處理的一貫作業、消費者都能充分獲悉，消費者知道挑選的咖啡來自何處、由誰栽種與處理，透明化的資訊與交易過程讓消費者很放心、而且可以學習更多咖啡知識，買到的價錢不僅合理，同等級的咖啡甚至可能比連鎖店的價錢更低、品質更優。

咖啡農將好品質生豆直接銷售給烘豆商並取得好價錢，但在直接關係出現前，這種交易模式不曾在傳統的銷售管道出現，烘豆商直接採購、直接檢視杯測取得優質好豆，省下傳統中間商與貿易商的價差，因此有能力提供高品質、但末端價格卻較連鎖店便宜的好咖啡給消費者，這就是農民、消費者與烘豆商能三贏的原因。舉例來說，消費者向直接關係烘豆商購買同一產區同一級數的咖啡，售價不僅可能比國際知名連鎖店低，品質卻更好，這是因為直接採購的烘豆商，多數都很注重烘焙品質，用高超的烘焙技術供應新鮮烘焙的優質咖啡，消費者不僅買得便宜，還買到更優質的咖啡。

直赴產區、測試當季樣品且與咖啡農直接溝通與採購，是建立直接關係咖啡採購模式的重要工作。十年來，農民承認直接咖啡是對他們最佳的生豆銷售方式，不僅賣出好價錢，烘豆商還將消費者對咖啡風味的意見回饋給他們，聽到海外消費者的聲音更是誘因。目前的新趨勢是「邀請農民與消費者會談」，也就是邀請咖啡農赴外國旅行，到消費國與烘豆商的消費者面對面直接對談，對咖啡農與消費者來說，是非常好的交誼活動，雙方有機會直接交換意見了解彼此；九年前，來自中美洲的生產者首度拜訪歐舍，打開了雙方互訪的大門，如今，「直接關係」模式下，咖啡農與消費者見面機會增多，真的是以往難以想像的事。

｜拉斯．敏尬斯小農計畫｜

二〇〇八年，我應邀參加一個小農計畫，主辦單位獲悉我每年拜訪哥國產區並擔任卓越盃評審，希望邀請來自亞洲的代表壯大評審陣容，仔細檢視計畫內容後發現小農計畫理念與直接採購關係不謀而合，我決定加入。召集人告訴我，參加小農計畫的咖啡農，年產咖啡櫻桃往往不足一千公斤，但打動我的是他說的這句話：「他們從沒接觸過烘豆商，渴望聽到市場眞正的評價。」

小農競賽計畫的全名是拉斯．敏尬斯（Las Mingas Project），屬私人機構舉辦的小農競賽計畫，計畫口號很熱血：**希望同舟共濟、衆人皆利**（For the good of all）！只要品質優，以農戶個人爲單位，即使產量不足五十公斤，都可遞出樣品參賽，拉斯．敏尬斯的眞諦是，讓小農出頭天。

顧名思義，小農計畫是希望讓小咖啡農能以品質得到烘豆商的青睞，哥國當時沒有任何競賽或公平採購方式，可讓產量這麼少的小農以自己的名義直接銷售咖啡。部分小農一年產的生豆可能還不到五百公斤，品質再好也僅能讓中盤收購或運到處理場直接賣掉，哥倫比亞其實有很多生產優質咖啡的超小農園，當年我以爲小農計畫如果持續，小咖啡農將有從機會看到自己的名字面世，搭起小農與世人的橋樑，這計畫將會非常有意義。

哥倫比亞產區安全是個問題，二〇〇六年我到薇拉省（Huila）當評審，當時的氛圍確實緊張，提領行李走出機場就看到接待我們的是全副武裝的軍警，離開機場的保護車隊採前後包夾的方式，除軍車開道，武裝部隊還採兩人共騎越野機車的編制在兩側掩護，讓人有游擊隊就在附近的錯覺。

小農計畫所在地是波帕楊，官方提醒外商到此地「要小心綁匪與游擊隊」，如今雖沒那麼緊張，我還是半開玩笑半認眞的問計畫主辦人其安卡洛（Giancarlo）：「在山區被游擊隊綁架，與在山路可能發生的安全意外，哪個機率高？」他回答也妙：「早期的機率搞不好一樣，現在是搶劫的機率比較高了。」

參加小農計畫的烘豆商都是重量級的，近十家烘豆商親赴哥國與會，包括知名的喬治豪爾，風土咖啡（Terroir Coffee）負責人、樹墩城（Stumptown）代表、反文化（Counter Culture）、加拿大的北緯 49 度咖啡（49th Parallel Coffee）、挪威的咖法（Kaffa）、提姆．溫德博（Tim Wendelboe）、美國甜瑪莉（Sweet Maria）代表，以及我代表的台灣歐舍，透過與會並擔任小農計畫二○○八年的複決賽評審，我採購了六個小農批次，數量最少的還不到四十公斤生豆。

小農計畫的賽制不同於卓越盃，雖有初篩，卻是由主辦單位所遴選，卓越盃則是由超然的機構先來遴選國內評審與邀請國際評審，繼而展開一連串的評選過程。優勝莊園要闖過五大關卡才算出頭。小農計畫的缺點在於樣品全由主辦方的幾位杯測專家選出，按邀請對象（指各國烘豆商）的「偏好與重要性」寄不同的樣品給他們，散布各國的烘豆師拿到的樣品彼此不盡相同，杯測後即可下單，按下單的速度來決定買家。購買過程等同於傳統拍賣，後面的競賽，只是舉辦決賽選出優勝者給與獎勵而已。簡單說，小農計畫的重點在採購而非比賽，與常見的咖啡競賽不同。

初賽在五個城市杯測舉行，分別是波帕揚（Popayan）、比佩德尬（Pedregal）、拉普拉達（La Plata）、拉優尼恩（La Union）與首都波哥大（Bogota），初賽其實只是選出合格的樣品，並非正式的競賽，之後寄給參加小農計畫的烘豆商，由他們杯測的分數高低挑出決賽樣品；而事後檢討，爭議也出現在此，主辦單位無法提供每一個參加者所有樣品，評審抵達決賽場地後發現，很多入圍批次之前並沒測過。

如今咖啡的「競賽與競標模式」日趨成熟，但直接採購不同而是挑選出高分的樣品，讓農民杯測並分享栽種與處理經驗，若可告知銷售的最高價錢，則可鼓勵杯測得高分的咖啡農，對其他人也有激勵效果。但小農計畫忽略此點，決賽時，我的評分表有兩款超過九十三分，休息時詢問主辦單位，我願付高價購買，豆子卻早已賣出。二○○八年的競賽結果，多數咖啡農與在場評審雖滿意優勝者的品質，但無法競標留下遺憾。主辦單位其實大可在決賽名次揭曉後於現場開放競標，讓農民高興，也讓萬里迢迢來的評審有機會標頂尖批次，參賽品質確實有高分的實力，但主辦單位不安排競標，對咖啡農的長遠發展並無益處，聚集生產與烘豆雙方，而無激勵效果，十分可惜！

小農計畫本有良好立意，可惜在樣品的遴選與烘豆商的給樣上出了狀況，隔年，我決定不再參與小農計畫評審，改爲結合理念一致的烘豆商，前往小產區直接採購優異的小批次，採購到的哥倫比亞小農批次品質都很優異。

T恤上印的Logo都是來自各國參加拉斯．敏尬斯小農計畫的烘豆商。
當年小農計畫，我由樣品中直接採購六個小農園，分別是：
橙樹莊園（Las Naranjos）：栽種者，艾德尬．拉屋黎亞 扣德瓦（Edgar Laureano Cordova）。
庫丘莊園（El Cucho）：栽種者，葉列昧斯．拉索（Hermes Lasso）。
芒果莊園（El Mango）：栽種者，哈優昧薩（Jairo Meza）。
發現莊園（El Diviso）：栽種者，彌里安．費南德斯（Miriam Fernandez）。
希望莊園（La Esperanza）：栽種者，雷內納所（Reinel Lasso）。
聖安東尼莊園（San Antonio）：栽種者，昧西亞．布拉抹．納努賣斯（ Mesias Bravo Narvaez）。
六個莊園全部位於納尼紐省的聯合鎮（La Union），海拔高達一七五〇公尺以上。

República de Colombia
BOGOTÁ
7 MAR 2011
EMIGRACION

聯合希望莊園

【國際評審杯測報告】

☐ **產國**：哥倫比亞

☐ **標示**：2008年拉斯·敏尬斯（Las Mingas）小農競賽優勝莊園

☐ **莊園**：聯合希望莊園（Finca La Esperanza，La Union）

☐ **莊園所在產區**：聯合鎮（La Union），屬納尼紐省（Narino）

☐ **海拔**：1810公尺

☐ **莊園主**：雷內納所及女主人拉烏拉 葉麗娜·布拉柏（Laura Elina Bravo）

☐ **莊園面積**：2公頃（咖啡樹：10,000棵）

☐ **品種**：黃色卡圖拉

☐ **處理法**：100%水洗法

☐ **發酵時間**：16小時，後段天然日曬。

☐ **杯測報告**：歐舍 M0 焙度（一爆中段起鍋），烘焙時間11分鐘。

☐ **乾香**：焦糖、肉桂香料植物、甜香、香料甜、鹽之花的香氣。

☐ **濕香**：薄荷、香草、莓果巧克力、焦糖。

☐ **啜吸**：乾淨度優，蜂蜜甜，油脂黏感佳，酸質乾淨且帶有莓果與黑櫻桃的酸甜，中段有薄荷巧克力以及細膩甜瓜與香料風，餘味很甜且持久，是款很優雅吸引人的頂級咖啡。

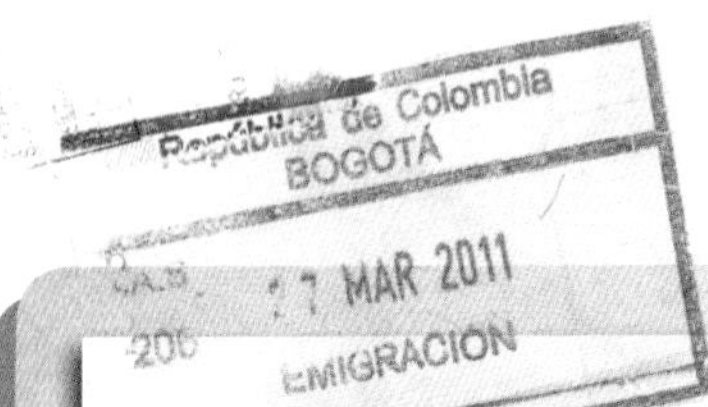

【國際評審杯測報告】

橙樹莊園

□ **標示**：2008年拉斯．敏尬斯小農競賽優勝莊園

□ **莊園**：橙樹莊園（Finca Los Naranjos）

□ **莊園所在產區**：聯合鎮（La Union）：屬納尼紐省（Narino）

□ **海拔**：1810公尺

□ **莊園主**：艾德尬．拉屋黎亞．扣德瓦（Edgar Laureano Cordova），阿烏拉．蝶麗亞．因善達拉（Aura Delia Insandara）

□ **莊園面積**：0.5公頃（咖啡樹：3000棵）

□ **品種**：卡圖拉

□ **處理法**：100%水洗法

□ **發酵時間**：16小時，後段天然日曬。

□ **杯測報告**：歐舍 M0 焙度（一爆中段起鍋），烘焙時間10分鐘。

□ **乾香**：香草植物、櫻桃、甜香、香料甜。

□ **濕香**：水蜜桃、薄荷巧克力、焦糖。

□ **啜吸**：乾淨度很優，甜佳，油脂感不錯，細膩的巧克力，深色莓果，甜瓜、烏龍茶，餘味帶甜的薄荷巧克力，很特別。

|小農翻身：七十歲成真的美夢|

評審角度來看，卓越盃競賽的優勝莊園是採購最優精品的好路徑，無法掌控的是競標的最終成交價，必須有目標批次與價格考量，卓越盃競標要面臨來自全球的線上競標者，極愛的批次因競標價格不斷飆高而放棄經常發生，你必須習慣這種心痛。雖說如此，經由卓越盃來發掘優異莊園，仍屬我偏愛的模式。

二〇一〇年哥倫比亞卓越盃在知名的納尼紐（Narino）舉辦，對此區，我一向有強烈好感，衝動之下獨力標下該年亞軍艾爾普拉賽爾（El Placer），沒想到如此優質的莊園，竟出自一位七十歲的老寡婦之手。

參加頒獎也是評審工作的一部分，我握過無數得獎咖啡農的手，近距離觀察，這些興奮發亮的臉龐都有終年日曬風吹深刻的鑿痕，他們的手，握起來的觸感是粗糙的。我很喜歡與咖啡農握手，得獎時，他們往往握得激動且用力，感染力十足，令你會覺得變成他們的一分子，感情往往由此建立，日後採購建立正式關係後，感情就更濃厚了。

多數得獎小農在出名前都經歷著難熬的日子，靠努力與老天爺幫忙才能收穫好豆子並存活下來，老饕眼中美好的莊園，可能在遠離城鎮、地形陡峭、道路崎嶇的高海拔山區，讓小孩到學校受教育都顯得困難且奢侈，莊園一旦獲獎，就如中樂透，美夢可望成眞，名次優異的莊園，不僅自身受惠，所屬的合作社或輔導機構都會跟著水漲船高與有榮焉。

我標下的艾爾·普拉賽爾，是另一個美夢成眞代表。

艾爾·普拉賽爾位於納尼紐大城帕斯托（Pasto）西北方，納尼紐不同於薇拉、托利馬，後者一年可兩穫。每年僅一穫的納尼紐，好豆幾乎都產於一千八百公尺以上，多數遲至七月才採收完畢，卓越盃競賽採三月的春季與九月的秋季輪流舉辦，很多納尼紐的咖啡農無法趕上春季大賽繳件日期，僅能參加秋季舉辦的競賽。反觀薇拉與托利馬兩省，不僅質優，每年還有兩次收穫，年年得以參賽，來自納尼紐區的小農，想憑一次的收穫在卓越盃擊敗其他精英出頭，難度很高。

多數納尼紐咖啡農年產量少於一百袋，但自家莊園都有小型去皮機與簡易發酵槽來進行採收後的水洗發酵作業，並設有發酵後的日曬場。這幾個處理步驟看似簡單，卻對生豆品質有很重要的影響，大賽中忽視任何一個環節，即使因爲很細微的枝節所產生的瑕疵，都會被評審發現並淘汰。二〇一〇年，哥倫比亞官方首度在納尼紐產區舉辦全國卓越盃大賽，本區精銳盡出，大放異彩！二十一個優勝莊園有十七個來自納尼紐，並包辦最頂尖的前五名。

亞軍莊園艾爾．普拉賽爾由瑪利亞．卡門（Maria Carmen）女士耕作，她是年過七十的寡婦，獨自扶養五位小孩，咖啡是她僅有的收入，刻苦持家，但貧苦沒讓她忘卻學習，她認知唯有出色的品質，才能讓家人擺脫貧困深淵。

當年瑪利亞的先生過世，她一肩扛下莊園的工作，只有一個目標：活下來讓孩子接受好的教育！她拚了命也要讓孩子到都市念大學，日復一日認眞照顧咖啡園，年事雖高，仍積極加入合作社的課程努力學習新知，並馬上運用在栽種、照顧、採收後處理。她參加卓越盃競賽並一舉拿下亞軍，證明努力終會開花結果，讓人見證老天爺不會忘記誰需要眷顧。標下亞軍豆後，瑪利亞的故事就延伸到台灣來了。二〇一三年的世界烘豆暨咖啡師大賽，我們再度用瑪莉亞生產的豆子參加競賽，榮獲最佳濃縮咖啡競賽第四名（The Best Espresso），參賽者包括全球十位知名烘豆商以及兩位世界咖啡師大賽的冠軍，我們深感榮耀並以瑪利亞爲榮。二〇一四年，瑪利亞的咖啡品質依然，我們再度採購回台。

艾爾．普拉賽爾的風味細膩綿長、有多款莓果風味、細緻香氣與甜感變化多，加上瑪利亞努力不懈的感人故事，讓這咖啡特別有味道。

哥倫比亞二〇一〇年 CoE 亞軍莊園歐舍得標證書。

República de Colombia
BOGOTÁ
17 MAR 2011
EMIGRACIÓN

【國際評審杯測報告】

2010 哥倫比亞 CoE 亞軍：艾爾・普拉賽爾莊園

☐ **國別**：哥倫比亞

☐ **莊園名稱**：艾爾・普拉賽爾（El Placer）

☐ **莊園主**：瑪利亞・卡門 葉列拉（Maria Carmen Herrera）

☐ **名次**：亞軍

☐ **城鎮**：莎馬葉果（Samaniego）

☐ **產區**：納尼紐（Nariño）

☐ **莊園面積**：2.71 公頃

☐ **咖啡栽種面積**：1.99公頃

☐ **品種**：卡圖拉（Caturra） 100%

☐ **處理法**：傳統水洗法（Washed Coffee）

☐ **批次量**：43箱（Boxes）

☐ **磅數**：2,314.83（1,049.99 kgs）

☐ **國際評審分數**：93.10

☐ **杯測編碼**：# 21

☐ **得標金額**：15.31 USD

☐ **得標者**：Orsir Coffee（Taiwan），歐舍（獨家得標）

☐ **海拔高度**：2036公尺

☐ **杯測報告**：一爆中段起鍋，歐舍 M0 烘焙度，烘焙時間11分鐘。

☐ **乾香**：香草、黑莓、櫻桃、青芒果、巧克力、蔗糖。

☐ **濕香**：紅櫻桃、甜香、花香、葡萄、油脂香、莓果。

☐ **啜吸**：綿延不絕的細緻餘味！黑醋栗與覆盆子。深色花香、蜂蜜、樹葡萄、巧克力、綿長細膩乾淨度佳、油脂感明顯、巧克力、蔓越莓、莓果、香料甜、櫻桃、黑莓、蜂蜜甜、香氣佳、甜柑橘、餘味豐富且香氣明顯。

☐ **卓越盃官方，國際評審杯測報告**：

Top Jury Descriptions：Honey, floral, jasmine, pineapple, apricot, strawberry, raspberry, red currant, black cherry, vanilla, hazelnut, roasted coconut, toffee-banana, red coffee cherry, winey, malic, juicy, buttery, viscous, heavy, tea notes, complex。

/第十四章/

顛覆形象、晉身名人殿堂

巴西：聖塔茵與三山河莊園

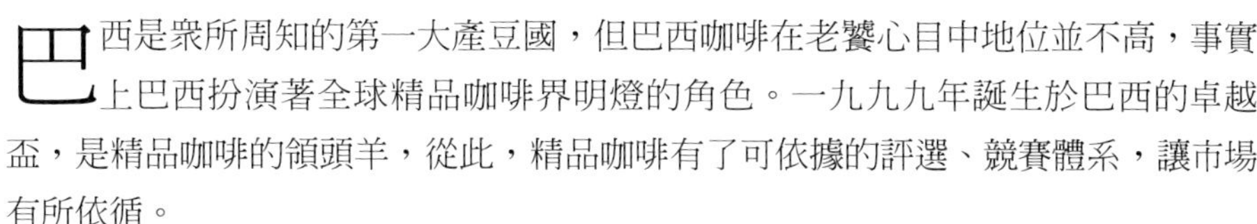

巴西是眾所周知的第一大產豆國，但巴西咖啡在老饕心目中地位並不高，事實上巴西扮演著全球精品咖啡界明燈的角色。一九九九年誕生於巴西的卓越盃，是精品咖啡的領頭羊，從此，精品咖啡有了可依據的評選、競賽體系，讓市場有所依循。

我由一九九九年這個劃時代的競賽開始，觀察卓越盃對各生產國的影響，對咖啡師競賽用豆的啓發與各國精品咖啡館用豆的發展，一路看到二〇一四年，巴西確實是精品豆的啓蒙者，對今日精品界的盛況功不可沒。二〇〇二年以前，我對巴西豆了解甚乏，知道首次卓越盃於巴西舉辦，卻不知道頂尖的巴西豆多好喝。二〇〇三年米納斯州（Mians Gerais）競賽優勝樣品，顛覆了我對巴西豆的認識，那批優勝豆有不斷溢出的甜感、香草與優雅的餘味，頓時改變偏見，也促使我不斷深度拜訪巴西的精品莊園。

雖然仍有人認爲巴西豆就是堅果味，堅持巴西缺乏中美洲高海拔的酸，也無法與東非洲的複雜度比擬（註6），但即將於二〇一四年秋季舉辦的卓越盃第一百場慶祝活動，就選在巴西，算是還給巴西對精品咖啡貢獻該有的尊敬。

註6：
他們主張巴西咖啡僅以堅果味與溫和為主，攻擊點在於評論巴西豆缺乏「酸」的風味。「酸」風味是指杯測項目中「酸的評項」，但酸的品質並不是以「強弱度」來分高下，中美洲高海拔咖啡的酸質一般是較南美洲強烈，酸明顯而強烈卻不表示酸的品質一定優良，酸味的品質鑑定包括有無雜味、怪味或者僅有強烈的酸卻缺乏細膩甚至缺乏甜度，因此，評斷「酸的品質」，需用整體來評價，酸的感覺強烈與否僅供參考，並非品質的依據。此種評價方式與口腔觸感（mouthfeel）類似。口腔觸感也不是以濃郁厚實為唯一標準，需評價整體品質，以口腔觸感中的質地（Body）來說，細膩、滑順如絲綢不會比濃郁與厚實差。同理，優質咖啡的酸不一定是明亮的青蘋果或莓果、有可能是帶甜的香草或桃子、或盛產的甜瓜或熱帶水果的酸帶甜，用缺乏「明亮感」的酸來評論巴西精品不如中美洲，不僅不妥，也顯示不熟悉優質的巴西，因偏好導致無法欣賞優質巴西豆，殊為可惜。

巴西咖啡園多採大面積栽種與機械採收，咖啡培育在平原地形為主，平均海拔高度確實不如中美洲與非洲，優質的巴西豆如同其他國家，也栽種在海拔相對較高的區域，約一千公尺迄一千二百公尺，部分烘豆師不了解巴西精品，也較少接觸，讓巴西多少蒙受一些委屈。

八年前，我曾針對國內外一些挑剔的老饕，請他們盲測十二批不同的巴西精品，杯測結束，集結眾人的評語，共同的有「細膩、好喝、非常甜，很舒服雅緻的酸等等」，當他們獲悉盲測的咖啡都來自巴西時，個個訝異，直呼不可思議，還以為測到的是非洲或中美洲的好咖啡。當時應該拿相機拍下眾人臉上表情，送給巴西咖啡農留念。

我對巴西精品愈來愈有信心，二〇〇七年起，每年拜訪米納斯州，那裡的精品徹底打破巴西只有「柔軟、平順、只有堅果味」的刻板印象，取而代之的是香草甜、濃甜花生醬、帶核水果、桃子、高級巧克力、烤榛果、蜂蜜甜等難忘的滋味，喜愛精品卻從沒喝過好巴西的人，有如玩拼圖缺了一大塊，會很遺憾的。

巴西堪稱是距離台灣最遙遠的咖啡產國，由出門到踏上產區，旅程超過四十個小時，它除了是全球最大的咖啡生產國，也是南美洲第一大國，根據二〇一〇年人口普查統計，巴西總人口數約為一億九千一百萬人，居拉丁美洲人口之冠。全國分為北部、東北部、中西部、東南部及南部等五大地理區，幾乎全屬熱帶型氣候，北部亞馬遜流域在赤道附近，屬赤道型氣候。巴西咖啡多產於平原或是高原熱帶草原氣候區，年平均溫度約攝氏二十℃，優異的氣候與多數平坦的地理條件讓巴西得以大規模栽種咖啡，並可以機器採收咖啡果實，產量自然驚人、排名高列世界第一。

英國《經濟學人》雜誌在二〇一三年預估，巴西很有機會超越法國，晉升為全球前五大的經濟體。姑且不論巴西是否超越法國，這幾年來巴西，看她經濟高速成長、物價卻也飆升，印象深刻！當年美金兌換黑奧（Real，巴西貨幣單位）很划算，物價相對便宜，在機場買知名的夾腳拖（Havaianas）與國家足球隊衫的觀光客很多，如今拿起機場紀念品，不少人一看標價馬上放下——國家強盛但物價也貴了！二〇一〇年的卓越盃競賽，首度出現巴西業者與國際買家搶標的情況，三年來都有巴西業者主動聯繫我，希望分購頂尖競賽批次，這表示巴西國內已有高品質咖啡的消費需求了，生產與消費兩端的水準都抬頭，才是產豆國之福。

第一屆的巴西費斯咖會（Fest Cafe）國際咖啡會議於二〇〇七年的十一月二十日在米納斯州的省會貝拉頌琪舉辦，第四屆米納斯州咖啡競賽與競標也同場競技，我應邀參加並杯測競賽的優勝豆。會議結束後，一路往南，前往傳說中的「卓越盃優勝寶庫」——南米納斯州的卡摩米納斯區（Carmo dẹ Minas）。七天的行程，拜訪幾位神交已久的咖啡農，買好豆兼打下直接關係交易的基礎。

卡摩米納斯是小產區，以巴西地形來看，屬高海拔區塊，平均海拔在九百公尺到一千五百公尺間，本區圍繞著崎嶇且起伏的山型，土地豐饒，雨量分布均勻，年雨量平均在一千三百五十到一千五百公釐間，乾季與雨季分明，年均溫僅十八℃，氣候條件相當好，早晚霧氣大，中午盛陽高照，有足夠的溫差，咖啡果實生長的密度很緊實。有一好沒兩好，巴西咖啡園慣用的採收車，在山區無法使用，咖啡採收車無法抵達，僅能以人工採收。

老天爺很公平，愈是崎嶇難行的莊園，往往是得獎豆的誕生地，歷年來巴西全國卓越盃的優勝莊園，很多來自本區。提到卡摩米納斯，一定要介紹聖塔茵（Fazenda Santa Inês）與三山河（TBS）兩個莊園，幾年來，她們在各國，包括台灣，擁有眾多愛好者，著實為巴西精品爭了口氣。

尋豆筆記

巴西的咖啡產區與分級說明

巴西有超過三十萬咖啡農在全國的十一個州栽種兩百二十萬公頃的咖啡，以下是主要產區與生產概述說明：

米納斯州（MINAS GERAIS）

位於國土南部，是巴西生產咖啡各大州中，產量最大的（巴西是一個大國，如同美國，行政區以州劃分），生產的咖啡幾乎全為阿拉比卡種，米納斯州的產量占巴西全國的五成。米納斯州有四大產區，不少精品咖啡也產自本州，分別是：南米納斯州（Sul de Minas，歐舍採溝的精品多來自本區的更小區域）、希哈朵（Cerrado de Minas）、沙帕達（Chapada de Minas）、馬踏斯（Matas de Minas）。

聖艾斯提皮里托州（ESPÍRITO SANTO）

巴西咖啡產量第二大洲，羅布斯塔種（Robusta）產量占巴西第一大，產區以本州北部為主，因氣候暖熱，產區名稱是：科尼隆．聖埃斯皮里圖 （Conilon Capixaba region）。本州南方產阿拉比卡種，產區為聖靈山（Montanhas do Espírito Santo）。主要供應對象為巴西國內市場，出口港為維托利亞（Vitória），亦有部分精品豆外銷。

聖保羅州（SÃO PAULO）

屬巴西傳統的咖啡生產區，本州主要有兩個產區，一為摩基雅那（Mogiana），本區海拔頗高，有極佳的精品咖啡園；另一處是保利斯塔中西部（Centro-Oeste Paulista），本區有巴西機械採收大產量的傳統咖啡園，也有小農園。而著名的山度士港就位於聖保羅州，巴西三分之二的生豆都由此出口。

巴伊亞（BAHIA）

位於巴西東北方的州，巴伊亞整體的氣候較炎熱，有兩大咖啡產區生產阿拉比卡種，分別是巴伊亞高原（Planalto da Bahia）與席拉多巴伊亞（Cerrado da Bahia），但在高海拔的沙帕達迪亞曼蒂納區（Chapada Diamantina Region），有很好的精品，歐舍競標的卓越盃冠軍綠金莊園與優勝的乾河莊園，即來自本區。本州南部也有生產羅布斯塔種。

巴拿那州（PARANÁ）

之前巴西最大的咖啡生產區域，位於南方，咖啡產量雖不如往昔，但正逐漸恢復咖啡栽種面積，因氣候較涼，僅栽種阿拉比卡種且多用去皮乾燥法（Pulped Natural）處理法。

朗多尼亞州（RONDÔNIA）

－ 位於北方，產羅布斯塔，每年產兩萬袋。

巴西咖啡生產狀況的分布圖：圖片資料來自巴西（Cafes de Brazil）官網。

巴西咖啡的分級—傳統巴西咖啡的級數主要依據：

一．目數大小（目數，即Screen，1目= 1/24英吋）。

二．生豆的顏色（Color）。

三．杯測的風味：主要依風味包括缺點味道來區分為以下幾個基本級數：Strictly Soft（極柔和）、Soft（柔和）、Softish（還算柔和）、Hard（堅硬，包含負面味道）、Riada（西阿達，負面味道）、Rio（里約，俗稱里約臭）、Rio Zona（里約松那，負面味道）。

四．精品的分級，巴西精品咖啡協會是採卓越盃杯測表，並將杯測得分結果作為精品批次的依據，通常八十分以上即可列為精品級。

｜聖塔茵莊園：卓越盃最高分紀錄保持者｜

卓越盃在各國的咖啡競賽，迄今已經在十一個國家舉辦近百場，您知道誰是最高分的紀錄保持者嗎？

平均總分高達九十五．八五，迄今，這個紀錄仍保持著！截至二○一四年二月，各國卓越盃大賽的冠軍們，沒人能超越她的分數！同時也創下卓越盃競標價一磅四十九．七五美元的高價！此一紀錄一直到前兩年才被打破。

紀錄保持人就是米納斯州的聖塔茵莊園！

二○○五年起，我每年都想買聖塔茵，很多專找好豆的杯測師跟我一樣，測到聖塔茵的第一反應都是：還有貨嗎？好豆往往量少又難買。二○○六年我買到同一集團的悉朵莊園（Fazenda do Sertão），品質讓嚐過的饕客讚不絕口，但還是與聖塔茵無緣，直到二○○八年巴西卓越盃大賽，決賽評選後的下午，爲因送件來不及，無法參加初賽的批次加測一回合，我與幾位國際評審果然發現遺珠，部分樣品分數甚至達九十分，衆評審給最高分的還是聖塔茵。經過三回合額外杯測與競價，我終於以較高的價格首度採購到夢寐以求的聖塔茵莊園。

聖塔茵創下卓越盃競賽史最高分的紀錄，她也是悉朵集團（Sertão）的重量級莊園，莊園栽種咖啡史超過百年，也是本區最早栽種咖啡的莊園之一。二○○五年起，悉朵集團創下多起紀錄，囊括「競標金額最高」、「擁有最多決賽次數莊園」兩大項，甚至旗下三個莊園同時擠進決賽的頂尖前十（Top 10）。紀錄不僅前無古人，恐怕也後無來者，尤其聖塔茵的優雅細緻，獲得國際知名媒體多次專訪，死忠粉絲群散布世界各地。

聖塔茵具備了好莊園該有的天然條件：位於孟汀奎（Mantinqueira）山脈高海拔山區，溫差大但無霜害，火山土質肥沃，區內有甘甜的天然泉水及維護良好的原始林。成功不能只有天時地利，莊園主人法蘭西斯可．伊西多羅·迪亞斯·佩雷拉（Francisco Isidoro Dias Pereira）的人品與理念更是關鍵。他維持傳統的精耕模式，卻不同於傳統巴西咖啡農重產量的心態，注意環境共生與重視員工福利，咖啡栽種區域不到莊園總面積的一半，自卓越盃得獎後直接與烘豆商建立關係銷售，專心耕耘精品豆，在如荒漠的巴西精品豆市場殺出一條血路。

幾次拜訪，見識到聖塔茵咖啡農的辛苦，採收期要由清晨到傍晚整天摘採咖啡櫻桃，採收工得面對一早的冷冽與日正當中的酷熱。巴西咖啡園多數沒遮蔭樹，工人們僅能靠遮頷帽與長袖衣來避免曬傷，雖然辛苦，員工卻很熱情，這與法蘭西斯可家族非常照顧員工有很大的關係。蓋員工宿舍，提供免費牛奶、咖啡，農場附設簡易醫療診所，甚至還蓋了一座標準足球場（這在巴西可是大誘因），提供眷屬免費交通車，讓小孩可以到城鎮上學，員工福利之優厚在咖啡產國中少見。

聖塔茵莊園的景色不輸瑞士、紐西蘭，看了農場的景致與設施，我竟興起陪著好豆長居此地的念頭。

聖塔茵附近小鎮景致，清晨常見霧氣圍繞，宛若仙境。

尋豆筆記

聖塔茵莊園的採收與處理模式

一．手工採咖啡櫻桃：莊園位於高海拔的山坡區，僅能用手工摘採，挑採成熟櫻桃，咖啡栽種密度遠比巴西同業低，咖啡樹有充分的生長空間，不會栽種過密，這裡咖啡樹長得很高，同一棵樹的枝幹延展成很大的範圍，咖啡的根部系統也深入地表，充分吸收這裡的大地精華。

二．在咖啡園的接收處理站，一天要接送兩次櫻桃果，且當天即進所有作業。採收後的作業包括：清洗（Washed），去果皮（Pulped）與展開乾燥（Spread）的處理。這方法就是去皮乾燥法（Pulped Natura method）的連續作業，這些作業在集團的另一個莊園——悉朵集中處理。

三．接到連續作業的帶殼咖啡豆後（指已去掉果皮再度洗淨的帶殼豆），同一天將這些咖啡帶殼豆鋪在水泥平台上，進行後段的曬乾作業。

四．曬乾的第二階段作業採機器烘乾，接著是很重要的後靜置（Resting）作業，目標是均勻乾燥達到十一%至十一．五%含水率。前述無法按大會規定時間送去卓越盃競賽的特優批次，即因採收與靜置作業時間尚未完成導致無法如期參賽。當然，因這個機緣，才得以採購到聖塔茵。

五．將乾燥後的帶殼咖啡豆在倉庫靜置三十天，以求品質更穩定。

六．運到合作社做後製的乾處理與分級包裝。（合作社擁有精密密度振動分級機與電子分色辨別機，做後段乾處理與分級）

七．連續的品質控管：落實各階段作業的流程管理與品質監督。每一批次採收與處理的咖啡都獨立標示並有合作社杯測師的評語與留樣，每一批次的買家（國外的烘豆商），都有資訊可以彼此討論與比對。

【國際評審杯測報告】

聖塔茵莊園資料

- □ **國別**：巴西產區——米納斯州南部（Sul de Minas）
- □ **莊園名稱**：聖塔茵莊園（Fazenda Santa Inês）
- □ **莊園所在城鎮**：卡摩米納斯（Carmo de Minas）
- □ **總面積**：214公頃，咖啡栽種105公頃
- □ **品種**：Boubon（波旁種）
- □ **採收期**：2009年6月到貨，2008年11月熟成。
- □ **處理法**：人工摘採、巴西式去皮乾燥（ Pulped Natural ）處理法。
- □ **烘焙法**：一爆中段下豆、歐舍 M0 焙度（cinnamon roast）、烘焙時間 十一分鐘。
- □ **乾香**：茉莉花香、白葡萄、奶油、櫻桃、香草甜香、茶香、蔗糖、香料、香氣清晰持久。
- □ **濕香**：黑糖、焦糖、巧克力、玫瑰花、莓果、蔓越莓、葡萄乾、香草、桃子、奶油甜香，甜味非常持久。
- □ **啜吸**：玫瑰花香、甜很持久、油脂感優，黏感佳，香草味明顯且很甜，甜柑橘巧克力、奶油巧克力、茶香、茉莉花香、莓果甜、葡萄乾、甜萊姆、甜桃、薄荷涼香、蜜香、葡萄、百香果、桃子、荔枝、餘味香草甜感持久，並帶有香料與莓果甜。

｜得獎無數的三山河莊園｜

Fazenda Serra das Três Barras，簡稱三山河莊園或TBS莊園，名字的緣由來自於莊園附近有三條高山河流匯集。莊園由何賽·瓦格納·里貝羅·胡恩奎拉（José Wagner Ribeiro Junqueira）擁有，何賽是本地合作社重要人物，熱心推動高品質咖啡的栽種並針對不同處理法做了深度研究。我第三次拜訪他時，他贈我一本剛出版的家族奮鬥史，內文描述卡摩米納斯的咖啡發展過程，可惜是以葡文撰寫。

三山河莊園位處高海拔山區，巴西常見的機械採收車也無法在此使用，僅能以傳統手工摘採法（Derriça Method）來採收果實，莊園面積約一七五．二公頃，栽種咖啡的面積不到四十公頃。我問已經逐漸接班的洛夫（Ralph，何賽之兒子）：「爲何栽種密度這麼低？」他說：「這對咖啡品質較好，即便日後有擴充栽種計畫，也要在確定品質可以維持甚至更好的情況下，才會擴充。」又是一個沉得住氣、按部就班不貪心的家族，勇奪巴西卓越盃一次冠軍與四次前十名絕非浪得虛名。

三山河在採收與處理上很用心，不僅以傳統的得力莎分離法（Derriça Method）來採收每年卓越盃的參賽批次，還用中美洲最細膩的逐顆手摘法來摘取成熟果實，採收後根據密度作篩選，進行去皮後的乾燥作業（即巴西去皮乾燥法，Pulped Natural）。工人會事先以糖度計確定在最佳的熟成度後再採收，採收後進行一系列後製並細分出可參賽批次，這些專屬批次是爲卓越盃等比賽而準備，莊園本身的咖啡品質其實已相當優異。

三山河得獎無數的祕密是——高品質的果實與精密的後製作業，分批杯測精挑出高分批次。深度了解自己的咖啡與找出眞正優秀批次的能力令人佩服，得這麼多獎項其實不意外。洛夫告訴我，優秀莊園不僅是三山河而已，鄰近的咖啡農們都很用心，同一個山區，至少十家莊園都得過卓越盃前五名，果眞是近朱者赤、常勝軍的產區啊。

聖塔茵主人FRANCISCO ISIDRO DIAS PEREIRA。

聖塔茵採收工人正在採收紅波旁種。

歐舍專屬聖塔茵批次。

【國際評審杯測報告】

三山河莊園

□**國別**：巴西

□**產區**：米納斯洲南部，卡摩米納斯（Carmo de Minas）

□**莊園名稱**：三山河莊園（Fazenda Serra das Três Barras），簡稱 TBS。

□**品種**：黃波旁種（Yellow Bourbon）

□**採收期**：2009年10月到貨

□**採收處理法**：人工採收、去皮乾燥法（Pulped Natural，或稱巴西 PN 處理法）

□**外觀／缺點數**：綠色，0d/300g

□**乾香**：焦糖甜、花香、堅果甜、熱帶水果甜、茶香。

□**濕香**：焦糖、香料甜、藍莓、熱帶水果、香草。

□**啜吸風味**：很乾淨且也飽滿的油脂感，酸質依然活潑帶甜，有名顯的熱帶水果酸香，茶香與香草甜很細緻，甜紅酒與莓果甜持久，果然是優質的得獎莊園。

三山河莊園家族顯赫的得獎資歷

巴西卓越盃大賽得獎史

BRAZIL CUP OF EXCELLENCE

Ralph de Castro Junqueira, finalist，2002頂尖前十名

José Wagner Ribeiro Junqueira, finalist，2002頂尖前十名

Kleber de Castro Junqueira, finalist，2003頂尖前十名

Ralph de Castro Junqueira, champion，2008冠軍

José Wagner Ribeiro Junqueira，N0.3 of Final，2010季軍

巴西QA競賽得獎紀錄

BRAZIL QUALITY AWARD FOR Illy "ESPRESSO"

Ralph de Castro Junqueira, finalist, 2005.

José Wagner Ribeiro Junqueira, finalist, 2007 and 2009.

Herbert de Castro Junqueira, finalist, 2008.

Kleber de Castro Junqueira, finalista, 2010.

米納斯州競賽得獎紀錄

QUALITY COMPETITION FROM COFFEES OF MINAS GERAIS - EMATER / MG

José Wagner Ribeiro Junqueira, finalist, 2005 and 2010.

Ralph de Castro Junqueira, finalist, 2006 and 2007,

vice-champion, 2009, and champion, 2010.

Kleber de Castro Junqueira, finalist, 2010.

＊Fazenda das Três Barras is certified by the State Program of Coffee Certification "CERTIFICA MINAS," from Minas Gerais.

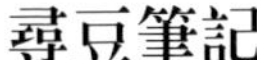

尋豆筆記

三山河莊園的巴西去皮乾燥處理（*PN*法）的處理模式

一．人工採收成熟的咖啡櫻桃。

二．採收後立即在水槽中篩選咖啡櫻桃。

三．去掉果皮，去皮後，按不同採收批次放置在專屬日曬場，每天多次翻動來均勻曝曬。

四．檢測含水率，直到含水率降到十一%後，送到木製倉儲區。

五．在木製倉儲中儲放三十天以上來讓品質更穩定（Rest for over 30 days）。

六．去掉果實外層硬殼精製成生豆樣品後杯測，留下杯測資料供品質檢測。

七．過程中至少杯測五次並留下資料以供品質管制與檢測。

三山河莊園的冠軍證書，最右為莊園主洛夫。

簽 證 VISAS

第二部

跟國際評審學專業杯測

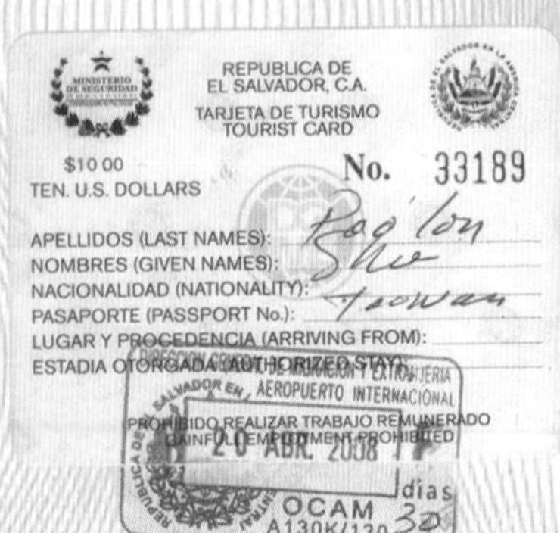

簽 證 VISAS

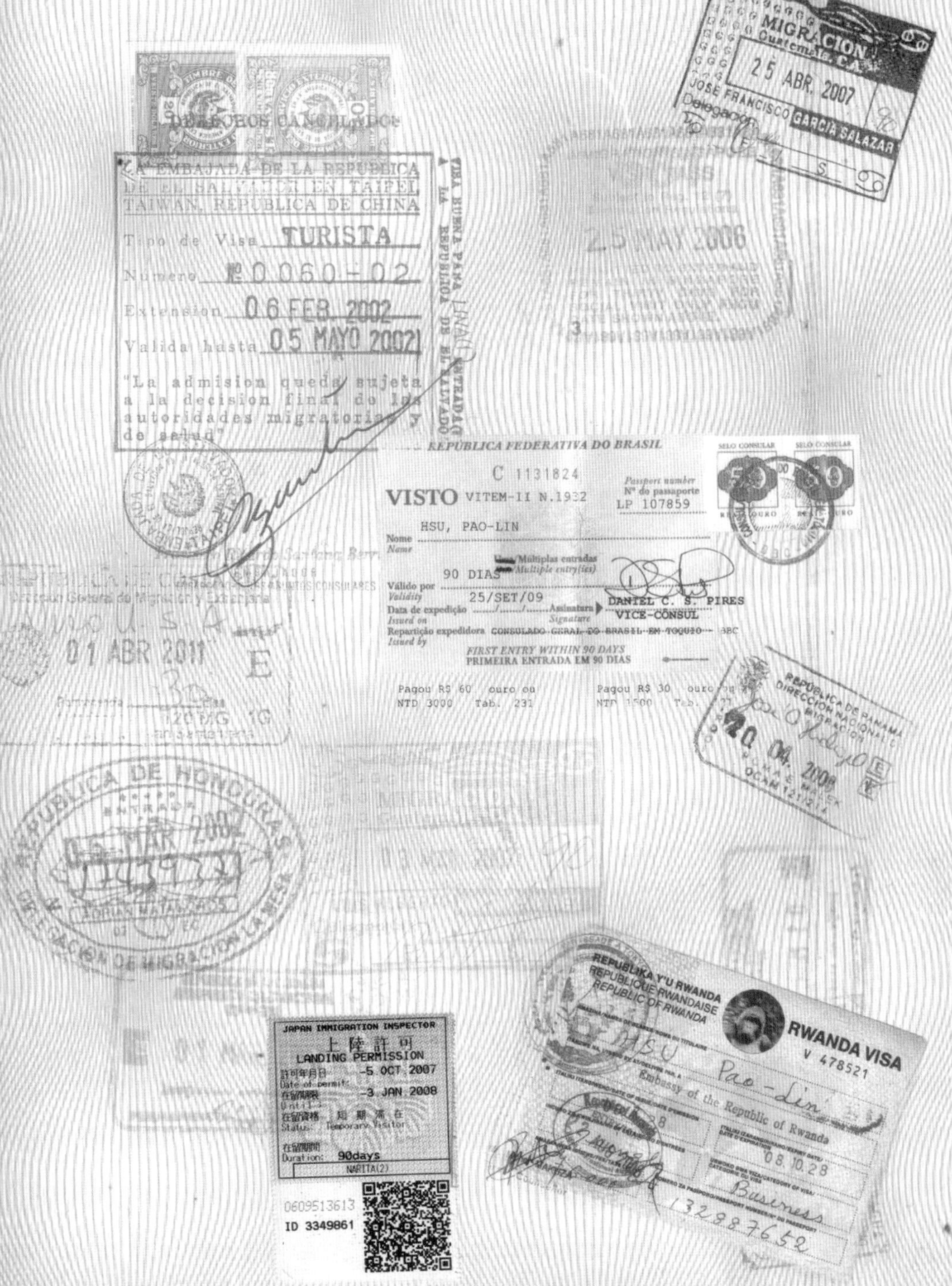

MIGRACION
Guatemala, C.A.
25 ABR. 2007
JOSE FRANCISCO GARCIA SALAZAR
Delegación
LA EMBAJADA DE LA REPUBLICA
DE EL SALVADOR EN TAIPEI,
TAIWAN, REPUBLICA DE CHINA
Tipo de Visa TURISTA
Número № 0060-02
Extension 06 FEB 2002
Valida hasta 05 MAYO 2002
"La admision queda sujeta a la decision final de las autoridades migratorias y de salud"
VIA BUENA PARA UNA ENTRADA
LA REPUBLICA DE EL SALVADOR
25 MAY 2006
REPÚBLICA FEDERATIVA DO BRASIL
C 1131824
VISTO VITEM-II N.1932
Passport number
Nº do passaporte
LP 107859
SELO CONSULAR
HSU, PAO-LIN
Nome
Name
Múltiplas entradas
Multiple entry(ies)
90 DIAS
Válido por
Validity
25/SET/09
Data de expedição
Issued on
Assinatura
Signature
DANIEL C. S. PIRES
VICE-CONSUL
Repartição expedidora CONSULADO GERAL DO BRASIL EM TOQUIO
Issued by
FIRST ENTRY WITHIN 90 DAYS
PRIMEIRA ENTRADA EM 90 DIAS
Pagou R$ 60 ouro ou NTD 3000 Tab. 231
Pagou R$ 30 ouro ou NTD 1500
01 ABR 2011
E
REPUBLICA DE PANAMA
DIRECCION NACIONAL DE MIGRACION
20 04 2008
OCAM
REPUBLICA DE HONDURAS
ENTRADA
06 MAR 2002
DORIAN MATAMOROS
DELEGACION DE MIGRACION LA MESA
JAPAN IMMIGRATION INSPECTOR
上陸許可
LANDING PERMISSION
許可年月日 Date of permit: -5 OCT 2007
在留期限 Until: -3 JAN 2008
在留資格 Status: 短期滞在 Temporary Visitor
在留期間 Duration: 90days
NARITA(2)
0609513613
ID 3349861
REPUBLIKA Y'U RWANDA
REPUBLIQUE RWANDAISE
REPUBLIC OF RWANDA
RWANDA VISA
V 478521
HSU Pao-Lin
Embassy of the Republic of Rwanda
08.10.28
Business
132887652

/第一章/

卓越盃簡介

全世界最有影響力的咖啡大賽

卓越咖啡組織（ACE）自一九九九年起承辦全球十一個產地國卓越盃競賽（CoE），掀起全球精品咖啡風潮，咖啡產業由追求大量的行銷與商業交易，轉為追求品質、彰顯農民貢獻、呈現高水準咖啡風味與沖煮技術、帶動各國咖啡潮流，形成業者爭相加入的精品咖啡第三波運動，這些改變，卓越咖啡組織貢獻最鉅！主因是卓越盃提供由農民種植到烘豆師烘焙銷售的整體系統，包括杯測鑑定、雙方交流、全國性公平公開競賽、國際網路公開拍賣，由源頭到買家所有資訊流與實際產品供應鍊，完全公開且由中立平台監督的有效系統，讓精品咖啡的生產者、買家、消費者都有可靠的參考依據，卓越盃產生的漣漪效應無法估計！

卓越組織屬非營利性的法人組織，總部設於美國，創辦人兼執行長為蘇西．史賓德勒（Susie Spindler）自一九九九年首屆巴西卓越盃開始運籌帷幄。咖啡產國採用卓越盃競賽為該國咖啡大賽的計有：巴西、哥倫比亞、尼加拉瓜、瓜地馬拉、薩爾瓦多、宏都拉斯、哥斯大黎加、玻利維亞、盧安達、墨西哥、浦隆地等十一國。預計還會有更多咖啡產國加入 CoE 行列。

參加卓越系統的成員包括咖啡農、各國合格的國家評審、各國咖啡局（協會）、中立的卓越組織、網路競標的世界各地買家、各國的消費者。

卓越盃有三項宗旨

一、找出該國的風味典範。

二、篩選出具代表性的咖啡，且皆以單一莊園為基礎。

三、建立莊園（生產）與買家（消費）的關係。

卓越盃競賽過程

截至目前為止，最嚴謹、最客觀的咖啡競賽還是卓越盃，優勝的咖啡必須經過嚴格的競賽規則，最終優勝的莊園必須經過六道關卡，由初賽到決賽，所有樣品需經過六次檢驗與杯測（請見一九三頁圖示）。以該國為例，比賽總杯測數達到九〇二〇杯，卻僅有三十五個優勝莊園勝出。

| 卓越盃競賽階段說明 |

國內競賽部分：

第一階段：主審與國內評審單位針對咖啡農送來的帶殼豆樣品初步篩選，有三百個樣品合格，杯測了三千六百杯，合格者晉級下一階段。一般來說，第一階段的初步篩選約有一百九十到一千個樣品送達主辦單位。

第二階段：國內評比初賽，首先將所有合格者，安排烘焙並且逐一杯測評比，第二階段通常要二到三天左右，所有樣品按卓越盃表格評比，滿八十五分者，再進行複賽。

第三階段：國內評比複賽，複賽成績滿八十五分的樣品就可晉級到國際評審階段，在這個階段獲得晉級的樣品就是卓越盃國內優勝了，但還不能稱爲年度優勝莊園，必須要再度參加國際評審階段評比。

第四階段：國際評審初賽，由卓越組織邀請的各國國際評審，會在國際評審週抵達比賽國指定地點，進行七天的評比，總共進行三階段的杯測。第一天是集訓與校正，嚴格的國際咖啡競賽都會集中評審進行校正。由國內賽開始，原本高達五百多個莊園，篩選到國際競賽第一階段，往往剩下不到四十個樣品，國際評審每階段評比分數八十五分以上，才可競級下一階段，最終的年度優勝莊園會在網路公開競標，可見競爭激烈與競賽之嚴格。國際評審階段的初賽也就是國際評審第一回合（Round 1），這階段有兩天，主審帶領國際評審將所有由國內賽晉級的樣品分批杯測，滿八十五分再進行第二回合的國際複賽。

第五階段：國際評審第二回合（Round 2），即國際複賽，複賽樣品全部再評比一次並按分數高低排序，決定複賽成績，滿八十五分者，即爲年度優勝莊園，並獲得網路國際競標的資格，凡進入優勝莊園資格，就可名列該國CoE優勝榜單，名垂青史，不少獲得優勝的咖啡農，脫離貧苦、徹底改善生活，堪稱是最美妙的一刻。複賽名列前十名者，即獲得晉級總決賽的資格，但還必須進行一次評比。

第六階段：Top 10決賽，即國際評審的第三回合（Round 3），複賽讀前十名重新評比一次，決定誰是年度的冠軍與前十名的順序。

值得注意的是，卓越盃非常嚴謹，競賽樣品在任何一個回合（包括決賽的Top 10），只要有杯測師現發現嚴重的負面風味，例如酚味、馬鈴薯味等，即使整場僅有一杯出現，經主審確認後，無論該競賽處於哪一個階段，該樣品立即取消競賽資格，即使在第六階段的前十名，只要一杯樣品出現嚴重不良風味，即取消優勝資格。

二〇一三年十一月，卓越組織執行長蘇西應台灣國際咖啡交流協會邀請來台，發表卓越咖啡競賽的系統與貢獻，也提到ACE杯測系統、杯測訓練營、咖啡品質鑑定與控制等業界關心的重點，卓越盃杯測模式已引進台灣與各主要消費國，卓越組織仍追求不斷進步精進的可能，可見的未來，新版的卓越盃杯測表也將面世。

卓越盃各階段杯測程序與杯測總數量。

/第二章/

咖啡的處理法

三大處理法之比較與精品豆的身世

| 咖啡的處理法 |

咖啡處理法，指的是「咖啡果實變成咖啡生豆」的過程（From cherry to green bean），一般來說有三種處理法，分別是：

● 傳統的日曬法（Natural Sun-dried Method）
● 傳統的水洗法（Traditional Fully Washed）
● 介於日曬與水洗兩者之間的處理法（Hybrid Process）：包括半水洗法（Semi-Washed）、巴西去皮留黏質層處理法（PN，即Pulped Natural法）、蜜處理法（Honey Process，源自PN的處理法）

所有處理法的最終階段都是「咖啡生豆」。生豆銷售前還要經過挑選與分級，依不同等級有不同的售價。任何咖啡處理法，都必須具備可監控、穩定性、可重複作業等三大要素，今日處理法愈來愈多樣，來自國際買家或烘豆商對品質、風味、獨特性的要求更趨多元，國際市場能接受不同處理法的要求，精品豆尤其明顯，不僅要求品質，還要求風味出眾與獨特性。

探討咖啡處理法前，必須了解，同一棵樹採下來的果實以不同處理法後製，會有不同的風味呈現；甚至，同一處理法但改變細微的步驟或僅是發酵時間微調，都會導致風味不同，咖啡三大處理法的主要風味如下：

● 日曬法：酸質較低、甜度較明顯、觸感（Mouthfeel）最清楚、乾淨度略低。
● 水洗法：酸質較明顯、乾淨度較好、觸感（Mouthfeel）中度、生豆品質最一致。
● 蜜處理或巴西去皮留黏質處理法（PN）處理：酸質中度、甜度比水洗法好、乾淨度比日曬法好、觸感中度。

三大處理法中，水洗法的穩定度最高，處理後的咖啡會較酸，日曬法最甜，蜜處理法則介於兩者之間。但以上說法僅是概念，咖啡處理法的細緻度近來提高甚多，得獎或以嚴謹品質出名的莊園，常有甜度很優且觸感不錯的水洗豆，或乾淨度甚佳的日曬豆，但以上的處理法與風味關聯，仍是一個很好的參考指標。

日曬法或稱自然乾燥法，是將整顆咖啡果實直接進行曬乾的作業模式。傳統日曬法可以得到較甜的風味與較低的酸度，很討喜、市場接受度很高，缺點是品質極不穩定，尤其低價位的商業用豆，採收的咖啡櫻桃通常未經過精密篩選，曬乾的過程控管不精確，不良的發酵味、甚至撲鼻的惡劣酒味或腐敗果味經常出現。日曬法的缺點造就了「半洗法（Semi-Washed）」的市場需求，大宗的商業買賣中，買家在半洗法中會測到較日曬法乾淨的批次。市場當然也有優質的日曬豆，這必須由摘採成熟度很一致的咖啡果實開始，接著日曬過程需要定時翻動與嚴謹控管，好的日曬豆需要投入大量的人力，杯測人員也必須有相當的經驗來篩選較優的批次，事實上，市場上確實充斥不少地雷級的日曬豆。

一九九〇年代，衣索匹亞以及巴西，開始有著名的公司介入，要求以「半洗法」取代水洗與日曬，甚至以半洗法減少對日曬豆的依賴。半洗法需要的設備與水資源遠比傳統水洗法低，品質比傳統日曬好。半洗法僅需簡單的去果皮機與一大塊塑膠布，先將咖啡果實以簡易去皮機去掉果皮果肉後洗淨，再將去皮肉後的果實鋪在塑膠布上日曬乾燥。簡單、設備投資低廉、品質易控管，半洗法逐漸在特定區域流行。巴西的半洗與後來發展的PN法有異曲同工之妙，甚至相同，大型農園將去掉果皮的帶殼豆在水泥地日曬，發展成PN法。

蜜處理法的處理重點在黏質層，依咖啡農的做法來決定黏質層的保留程度，黏質層即咖啡果皮內的果肉，會附著在薄殼上（這層薄殼即Parchment，或譯成羊皮紙層）。蜜處理法是介於傳統水洗與傳統日曬之間的處理法，水洗法要處理到黏質層完全剝離才開始進行日曬（烘乾）的作業，而日曬法，如上所述，是將採收後的整顆咖啡果實直接進行曬乾作業，不去掉果皮、也不處理黏質層的一種傳統處理方法，但其他處理法都會去掉果皮。

三大處理法都是將咖啡果實變成咖啡生豆的過程，包括了去掉果皮、果肉與黏質層的去除或保留、乾燥等的處理流程。因此，處理法可控制的主要變數在於三項：「果實品質」、「發酵控制」、「乾燥過程」。每一項都有一個前提就是「如何避免壞風味與增進好風味的細節？」，但該挑那一種處理法呢？

我在中美洲、尤其是傳統水洗法的區域，常遇到農民問：「Joe，你有蜜處理法的細節資料嗎？」或者，「你認爲我們該不該提供日曬豆？」。各種處理法有其限制與優缺點，農民或處理場使用的處理法大都受到環境限制、傳統習慣與市場需求左右，就中美洲而言，水資源易取，水洗法盛行，近年因市場需求或環境保護要求，增加了蜜處理法與日曬法。同樣情況也發生在非洲，衣索匹亞著名的Yirgacheffe產區（音似「壓尬洽菲」，台灣翻譯成耶加雪啡或耶加雪夫），以水洗法出名，近年來，部分合作社或處理場嘗試了日曬法，這有助於市場需求或滿足買家的好奇心，但關鍵仍是風味表現與品質的一致性。

｜選擇處理法後，接著要看三大控制變數｜

一．果實品質：好的咖啡果實（即咖啡櫻桃）是咖啡品質之母！如果咖啡果實品質不佳，栽採未成熟的果實或者過熟的果實，之後的處理法再細緻或百般呵護也是枉然，風味上會出現不好的雜感、澀味、甚至負面的味道，例如草味、紙板、腐敗果實味或刺激的怪味。這些負面味道或負面觸感多數源自不好的咖啡櫻桃（生的果實或即將熟成但未熟、過熟近似發黑腐敗的果實）。全球多數的咖啡摘採工人，幾乎都是以採收咖啡果的「量」來計算他們的當日收入，不是以採收的櫻桃品質來計算，要求工人僅摘採優質果實，工人得花更多時間，但日採量卻減少，在收入減少下，工人是不會僅摘熟成櫻桃的。採收工，代表果實品質的第一關，雙管齊下，增加咖啡採收工的收入並要求摘採果實品質，才有希望踏出好品質的第一步。園主單方面要求，常得不到理想的品質，因此，第一關顯得特別重要！確保收到的咖啡櫻桃是好品質，才有辦法以更好的處理細節得到高品質的生豆。

二．發酵控制：傳統水洗法需要使用大量的水，這個處理模式被稱爲「水洗法」或「濕處理法」（Wet Processed Method）。水洗法在下列階段都需要用水，包括：第一階段接收咖啡櫻桃；第二階段去掉果皮，之後運用水流來進行初階段的分級；第三階段讓去皮後的果實進入發酵槽發酵；第四階段發酵完成與之後不同階段的洗淨。水洗法的最大目的是藉著「發酵」來除掉仍附著在硬殼上的黏質層，藉著發酵去掉黏質層，之後才能曬乾或烘乾。現代水洗法中，有直接用機器去掉果皮後，直接再以機器本身的可調式碟片去掉黏質層，使用的水量很少（註7），此種低耗水的機械水洗法不需經過發酵槽，可直接曬乾或烘乾的水洗處理法。而傳統水洗法的發酵方法又分不泡水的乾式發酵與帶水的濕式發酵，發酵時間的長短，依地區、環境溫度高低、發酵槽的變化等而定，短的話，有可能隔一晚即完成發酵，較長的發酵則可達三十六小時。

日曬法、巴西 PN 或蜜處理法也需控制發酵作用（雖然都沒有發酵槽的發酵步驟），日曬法是將整顆果實直接曬乾，蜜處理法是讓黏質層保留，但日曬或蜜處理兩大處理法仍要面對咖啡果實在處理與乾燥等過程中產生的發酵變化，咖啡果實中的糖分與水分，在處理過程中很不穩定，傳統日曬法中的失敗味道包括了刺鼻的劣質酒精味與腐敗的爛熟果味，扣掉咖啡果實本身不佳的部分，很多其實是日曬過程中不當的「發酵管理」造成的負面風味。蜜處理法因無法控制環境的濕度，或是夜晚處置不當或下雨受潮，因這些因素會導致不當發酵甚至發黴等狀況，其實都影響到咖啡的風味。管理好發酵過程，尤其清楚發酵程度與風味的影響關係，是控制生豆品質的一個重要關鍵。

三・乾燥過程：水洗法在發酵完成、日曬法在開始階段、蜜處理在完成黏質控制後，三大處理法接下來的步驟都是乾燥過程，乾燥過程管理的重點有四項，包括「乾燥的時間長短」、「是否乾燥均勻」、「人工乾燥法的溫度控制」、「通風控管」，最後整體的乾燥是否恰當，乾燥不足會導致水分過度活潑、豆體間過度潮濕甚至發生黴害的可能；乾燥過度，豆體易發白，咖啡風味流失甚鉅。過與不足都將直接影響到咖啡風味，豆體乾燥到達適當的含水率是很重要的。水洗法發酵剛完成時，帶殼豆的含水率約在五十七%左右，接著進行帶殼豆的乾燥作業，在適宜的時間、環境、溫度下，最終控制在不超過十二・五%的含水率，而日曬法，也是希望在開始日曬的四週內（時間長短因區域與要求而異），控制到十二・五%的含水率內，部分農民會處理到十・五%，這都要經過風味檢測與乾倉儲存的品質檢測（即以杯測後的風味品質來檢視不同含水率對風味的影響與變化）。

註7：

這個處理法又稱機器水洗法，甚至有機器號稱不用水的無水式水處理法，以機器本身的齒狀設施直接去掉黏質層，而不需經由發酵槽發酵去除黏質層。

三大處理法衍生出頗多處理模式，不管哪種處理法都是爲了將咖啡帶出具該處理法的特色風味，瓜地馬拉的聖費麗莎莊園以處理法繁複著稱，總共使用了八種處理法，拿此莊園做輔助說明便可一目了然：

一．日曬法（自然乾燥）：聖費麗莎的日曬法叫 Natural 22，因爲僅採收咖啡櫻桃含糖量二十二%（以糖度計 Brixes 測試）的正熟櫻桃，採收後先洗淨篩選，之後直接放置在非洲式的棚架上日曬，日曬期間爲期約十五天，含水率降到十二%時即完成日曬作業。

二．傳統水洗法（Fully Washed Process）：用正熟咖啡櫻桃洗淨、去皮、乾式發酵、洗淨、日曬，在日曬場乾燥八天，含水率由五十五%降到十一%，完成整個水洗與乾燥作業。

三．前後淨水浸泡水洗法：這個方法很特別，首先挑選正熟的咖啡櫻桃，洗淨後，浸泡在乾淨的水槽中十六個小時，之後進行傳統水洗法的處理步驟，包括去皮與發酵（乾式發酵），發酵完成再度洗淨，之後再泡在乾淨的水槽中十八個小時，之後洗淨，置在非洲棚架展開日曬乾燥作業。

四．肯亞式水洗法：有名的K72模式，正熟的咖啡櫻桃洗淨後，去皮、乾式發酵二十四小時、洗淨、再度乾式發酵二十四小時、洗淨、再度乾式發酵二十四小時，如此循環處理，達到七十二小時的發酵作用，洗淨後，浸泡在乾淨水槽中一

乍看沒問題，其實我手上的果實都發黴了。

因處理不當而發黴的蜜處理果實。

晚，隔天一早開始在日曬場進行乾燥作業。

五・衣索匹亞水洗法（Ethiopia Wet Fermentation）：屬於傳統濕式發酵水洗法，咖啡果實洗淨去皮後，直接導入發酵槽，槽內水的高度覆蓋過咖啡果實，進行帶水發酵，時間長達三天，這種傳統水洗法需要大量乾淨的水，同時發酵槽內進行發酵作用時，pH 值不可低於四・五，發酵完成後，再度洗淨，然後浸泡在乾淨的水槽中一個晚上，隔天一早轉移到非洲棚架，進行日曬。

六・蜜處理法（或去皮留黏質PN處理法）：聖費麗莎的蜜處理法其實就是巴西的PN處理法，採正熟的咖啡櫻桃洗淨，只去掉果皮，不刷洗帶殼豆，留下所有黏質層，然後送到日曬場進行乾燥作業，這是含黏質層較多的蜜處理法，觀察處理好的帶殼豆表面，顏色是三種蜜處理法中較深的。

七・橘蜜處理法：採收正熟的咖啡櫻桃，洗淨後直接泡在乾淨的水槽中一晚，隔天進行去掉果皮的作業，因為浸泡一晚，咖啡果皮與裡面的黏質層很容易去除，但黏質層部分成分也會被吸附在硬殼（Parchment）上，顏色雖比前述蜜處理法淡，但比白蜜處理法深一點，也形成風味迴異的特色。

八・白蜜處理法：採收正熟的咖啡櫻桃，洗淨後直接去皮，再用少量的水與器材來刷洗帶殼豆表面的黏質層，這種蜜處理法是聖費麗莎三種蜜處理法中，留下最少黏質層的一種，風味上與前述兩種蜜處理法都不同，比較接近傳統的水洗法，多了甜度與酸質結合的變化。

｜精品豆的品種的前世今生｜

二〇一三年宏都拉斯卓越盃大賽期間，主審保羅以他多年來的品種專案調查心得，佐以圖說，向在場的國際評審解釋咖啡品種與精品咖啡的關聯，保羅的解說實際、實用，沒有一大堆關聯名詞讓人頭昏腦脹，他用四種顏色標示出「精品、高級商業豆、商業豆與一般工業用豆」常採用的品種，藉此分析在各級市場常見的阿拉伯種與自然衍生或人工交配出的品種。綠色是精品豆的源頭種；咖啡色是近年來出名的三種外型大顆的品種，分別是馬拉葛西皮、帕卡馬拉、馬拉卡圖拉（Maragogipe、Pacamara、Maracaturra）；黃色則屬品質尚可的品種（因受微型氣候、栽種條件影響，有可能是精品但也可能是商業豆），以上三色系所列的品種大概涵蓋目前九十五%的精品豆品種。

您可能注意到上述所提沒有瑰夏種，瑰夏絕對是好品種，但產量甚少，不列入此圖表內。以各國咖啡競賽來說，分析優勝莊園得獎的品種是精品豆種的重要資料來源，瑰夏量少，最佳巴拿馬競賽雖單獨以此品種爲競賽組別，獨立莊園自己舉辦的競賽如翡翠莊園、茵赫特、聖費麗莎也可看到瑰夏的影子，但因競賽的批次量僅數磅到三百磅，仍屬小量競標，造成瑰夏在市場上的定位仍屬「價高、量稀」的好品質咖啡，瑰夏的杯測高分與競標價錢往往成正比，BOP單獨將瑰夏列爲一個競賽項目，就是避免其他品種在同桌杯測下被打得毫無招架之力。而卓越盃競賽看不到瑰夏種的蹤跡，主因是單一莊園的產量還無法達到競賽量的最低要求，卓越競賽每批次至少需要三十箱的量（每箱約三十公斤），尚不包括競賽用豆與給各國買家的樣品量，瑰夏知名度夠、品質也佳，但尚未達到基本量，因此不在表列，特別在此補充說明。

｜阿拉比卡種大家族｜

講精品咖啡品種，指的就是阿拉伯種中風味較優的品種。他們皆源自於早期的梯匹卡（Typica）與爪哇（ Java，Typica種引進到印尼爪哇島後的名稱），由此開始傳遞出三大優秀品種：分別是摩卡種（Mocha）、波旁種（Bourbon）、肯特種（Kent）。

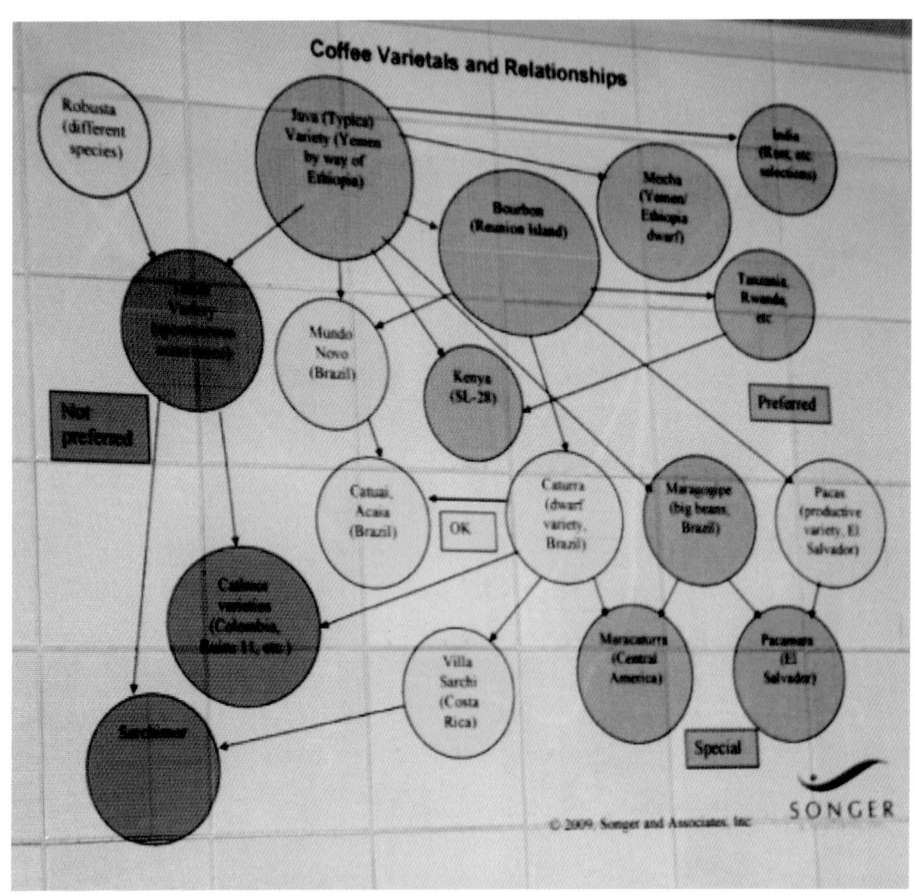

由卓越盃著名主審保羅．桑格（Paul Songer）提供。

爲梯匹卡與爪哇分別經由不同路線而衍生出的品種：

一．經由衣索匹亞傳到葉門是摩卡種。原始的摩卡種具備芬芳與花香的獨特氣息，果酸明亮且細緻，豆型頗小，在瓜地馬拉名莊園茵赫特以及高海拔的葉門小農處，仍可發現這種古老絕妙的香氣風味。

二．同時期傳到留尼旺島與其他地方為波旁種。波旁後來開枝散葉，甚至有的國家僅採波旁種來一代又一代的篩選，挑出風味優、產值較高的進化波旁種，其他人工混血的雜交種與自然混血雜交種演化的波旁種不計其數。

三．傳到印度為肯特種。在印度也歷經數代開發出更具優勢的進化種。

以上三大種是精品咖啡品種的三大源頭。以波旁來說，源自梯匹卡，屬梯匹卡重要的自然突變種。波旁由發源地傳遞出去後，先抵留尼旺島，後傳到坦尙尼亞，變成坦尙尼亞波旁種，再傳到肯亞並在當地形成著名的SL28。

精品咖啡的豆子品種不外乎出自這三大源頭，另外再加上卡圖拉（Caturra，發現於巴西由波旁突變而來）、帕卡斯（Pacas，發現於薩國由波旁自然突變而來），以及大名鼎鼎的馬拉葛西皮（於巴西發現由梯匹卡直接突變的）。至此，藉由突變、人工配種，尤其由上述兩大突變種，即薩國帕卡斯與馬拉葛西皮人工配出著名的帕卡馬拉，由卡圖拉與馬拉葛西皮配出的馬拉卡圖拉，這些大顆種與早期的四大：梯匹卡、波旁、摩卡、SL28，加上後來崛起的瑰夏，形成精品咖啡界追尋的主要栽種品種。這八個品種及人工配出的新種，其實就是精品咖啡界主要關注與栽培種。

關係圖中的紫色是蒂摩種（ Timor）與卡蒂摩（Catimor）。當年栽種的目的是抗病與量產，但風味不佳，容易產生不好的木質味或是粗糙風味。近年中美洲葉鏽病肆虐，咖啡大財團與一些技術單位又鼓吹栽種卡蒂摩，這對精品咖啡的品質絕對是斲傷，實在沒必要相信卡蒂摩偶而會有好風味的荒誕言論。翻翻生產好豆的莊園資料，到底有多少人栽種卡蒂摩而以品質勝出？反而是卡太依與卡圖拉種較易顯露好品質。栽種地條件稍可的話，卡圖拉（屬波旁自然突變）以及卡太依（人工配種）就屬尚可的品種，要是栽種地條件甚好，輔以仔細栽採、細緻後處理，甚至會有驚人的風味表現。品種雖重要，栽種地整體條件的重要性仍居首位！咖啡必須栽種在優良的地理風土處才能期待有美好的風味，也就是說栽種地的土壤、微型氣候（溫差、日照、雨量）、海拔，加上栽種細緻與處理條件，若其中某部分失調或者控管不良，即使有很好的品種，仍會得到參差不齊的品質。良好條件與控管下的好品種才可以得到較佳的風味，品種並非萬靈丹。

擁有絕佳微型氣候、栽種眾人稱讚叫好的品種，但缺乏照料與施肥或吝於投資精緻的採收後處理，仍會因粗糙的後製得到次等品，可見「好的地理條件、對的優良品種、良好的採收與後製」是好品質的法門。上述法門缺一，就算再優的品種，杯測結果若屬商業豆而非精品等級，也就毋須訝異。

由品種直接來判斷咖啡品質，本來就武斷又過於簡化，有好品種但土地不適合、栽種不當、處理不當，甚至運輸與儲存不當，都會嚴重導致品質滑落，這個認知一定要有。

舉例來說，有人認為卡太依口感比不上卡圖拉，認為卡圖拉較細膩，但在瓜地馬拉的茵赫特莊園，兩個種都有栽種，莊園主發現條件一樣時，莊園內的卡圖拉風味卻比不上卡太依，雖說卡太依是由卡圖拉與孟得挪瓦（Mundo Nova）人工配種來的，卻不表示卡太依口感一定比卡圖拉差，實際種出來的情況與風味表現，才是關鍵，很多咖啡專家不相信茵赫特卡太依的例子，杯測後的結果卻不得不信服。

羅姆斯達（Robusta）種與梯匹卡配出來的蒂摩與卡蒂摩等品種，其風味偏苦、容易有雜感或粗劣的木質或紙板味，並不受精品咖啡業者喜愛，她們對葉繡病雖有較好的抗病性，但一般來說，風味乏善可陳，不算精品。東帝汶雖有一些改良過且栽種在高地的卡蒂摩種，經過仔細篩選果實與細緻處理，也有八十分（卓越盃評分表）的表現，不過僅止於少數。整體來看，還不屬精品界的栽種用品種。

另一個常見的例子是瑰夏種。採水洗處理的瑰夏適合栽種在海拔一千五百公尺以上的地區，海拔高度雖不是栽種瑰夏唯一的條件，但在巴拿馬，卻已經是栽種瑰夏的第一心法，其他較低海拔地區的咖啡農仍不死心，認爲瑰夏種是風味與高級香氣的萬靈丹，播種移苗栽種後，發現難種、難收成，收穫量很低，往往白忙了四年，才發現風味與採收量遠不如預期，由此可知，品種的挑選不可不慎。

而近年流行大顆種的源頭來自馬拉葛西皮種，馬拉葛西皮（Maragogype 或 Maragogipe，音似馬拉葛嘻琵），乍似溫馴、難以尋味，要懂得烘焙風味方能品味出。有人以馬拉（Mara）簡稱之，因果實的顏色不同，區分爲紅色馬拉葛西皮種（Red Maragogype）與黃色馬拉葛西皮種（Yellow Maragogype）。馬拉葛西皮是由梯匹卡種自然突變，發現於巴西的巴希亞州的馬拉葛西皮（Maragojipe）區，遂以此地地區名當作品種名稱。

馬拉葛西皮外型巨大，俗稱象豆，講到這款豆，在台灣可大有來歷！早年咖啡資訊缺乏，國人崇拜藍山咖啡，偏偏眞正的牙買加藍山又少，貿易商發明了「國寶藍山」或「大藍山」或「古巴國寶」等名詞，其實就是用象豆來頂替，馬拉其實跟藍山不搭，豆型也太大（藍山屬梯匹卡種系），國寶藍山的謬誤相傳多年，至今，仍有人誤以爲「藍山」有大顆象豆種。

栽種在海拔一千二百公尺以下的馬拉葛西皮，風味較溫馴平板，以大顆品種來說，由人工培育出的帕卡馬拉與馬拉卡圖拉兩個品種，酸質變化、香氣、風味複雜與整體飽滿度上都超越馬拉種，但也有例外，譬如瓜地馬拉知名冠軍莊園茵赫特的馬拉葛西皮種，榮獲二〇一一年卓越盃季軍，其細膩的風味與餘韻是馬拉種中非常罕見的。此外，烘焙上，馬拉種比同海拔的其他品種（非大顆種）難烘焙，烘焙過程溫度的升溫與火力控管非常重要，一不小心，苦味變重，細膩度不易烘出，對烘豆師的挑戰頗高。

/ 第三章 /

國際評審的杯測筆記

你喝得出精品咖啡嗎？

「這杯咖啡味道有問題！」當我們遇到不好喝的咖啡時，常有這樣的反應。到底那杯咖啡哪裡出了問題，導致有不好味道？身為咖啡的愛好者，你是否知其然並知其所以然？

咖啡是一種「從咖啡樹到咖啡桌」的行業，從生豆處理到喝咖啡的人，每一個環節都跟品質息息相關，整個過程就是「精品咖啡產業鍊」，任何一個環節出狀況，咖啡就不是精品了。

精品咖啡原文是Specialty Coffee，在台灣翻譯成精品咖啡，其實無法精確解釋其含義，很多人被字面誤導，以為「精品咖啡」就該像名牌一樣貴，殊不知，Specialty指的是「高品質」，也就是精緻的品質，並非指價錢。

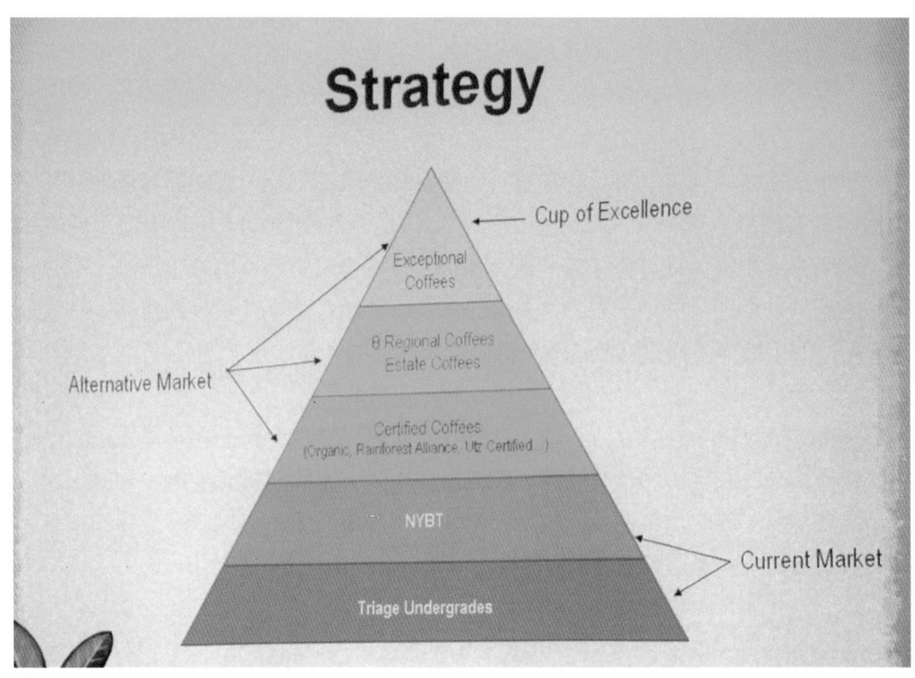

二○○七年瓜地馬拉咖啡當局的市場策略已朝卓越盃，產區定義清晰的精品市場邁進。

｜精品咖啡的定義｜

全球三大精品咖啡協會對「精品咖啡」的定義與闡述可一窺端倪，三大協會分別是美國精品咖啡協會（SCAA）、歐洲精品咖啡協會（SCAE）、日本精品咖啡協會（SCAJ），茲節錄三大分別對「精品咖啡」的闡述。

歐洲精品咖啡協會：精品咖啡是「**消費者喝了以後，給予精雕細琢高品質咖啡的評價**」，這杯咖啡會擁有獨特的品質與出衆的風味，不同於隨處可喝到的一般咖啡，歐洲精品咖啡協會承認，精品咖啡的市場供應有其限制，她不屬隨處就可消費得到的咖啡，是以最高標準的生豆經過精湛的技術烘焙，所有生豆、熟豆都採高標準的倉儲規格，再以高標準的沖煮技術沖泡而成的高品質咖啡。

美國精品咖啡協會：精品咖啡是由「**終身持續追求品質的五大相關人士合力完成**」，自始自終，這些人都維持一貫的卓越標準來確保品質，並作爲優先的工作目標，且所有參與者都能協同合作，他們缺一不可！他們包括了「咖啡農」、「生豆採購者」、「烘豆商」、「吧台師父」與「消費者」，由生產到消費的整體循環中，大家合作以卓越品質爲一致的目標，才有辦法達到精品咖啡的眞諦。

日本精品咖啡協會：精品咖啡是「**消費者喝到風味絕佳、願給好評價的咖啡，而且消費者感到滿意**」；「風味絕佳」的定義是指該咖啡風味能讓人留下明顯印象，酸明亮、清脆、且有特殊感，同時咖啡的後味會帶甜感；而咖啡本身，必須由生豆到變成一杯咖啡的所有階段（From Seed to Cup）都能貫徹一致嚴格的生產程序、統一的工續與嚴謹的品質管理，符合以上條件的咖啡才屬於精品咖啡。

由全球三大精品咖啡協會對精品咖啡的定義可以發現，精品咖啡是指由「一顆咖啡種子到一杯咖啡」的所有過程，顧好每個環節，了解源頭到末端，才得以認識「精品咖啡」，爲何是由種子開始？因爲咖啡農沒選對種，沒採收好品質的果實，後面再怎麼努力，還是無法產出精品級的咖啡。

「Specialty Coffee」一詞是一九七八年娥娜．努森（Erna Knutsen）女士，在法

國咖啡國際會議上提出，自此精品咖啡才廣為咖啡界引用。她當年說，精品咖啡是「特定的地理條件與微型氣候下生產出具備獨特風味的咖啡豆」（Special geographic microclimates produce beans with unique flavor profiles）。努森女士的原創加上三大協會的說明，讓我們對「精品咖啡」一詞產生了具體概念。

消費者都希望以簡單的方法來搞懂精品咖啡，有學生問：「為何咖啡不像葡萄酒，找個大師來評分，用打分數來決定品質高低，消費者按此標準遵循即可？」這道理乍聽對，其實也不對；打分數容易，不管在哪個特定階段打分數，要維持特定階段的分數，其品質控制變數遠比葡萄酒多。一款豆得到九十分，不表示永遠都是九十分，烘焙過的咖啡就像新鮮食品，賞味期很短，兩個月後，九十分的咖啡僅剩七十分，在咖啡競賽拿到九十分的生豆，溽暑下存放六個月，即使烘焙後趁新鮮杯測，分數可能連八十分都不到。紅酒不然，雖動輒長達十年以上的熟成期，但儲存條件、飲用前的醒酒多有規範可循。美國精品咖啡協會在精品定義提到的五種相關人士，已點出出眾的咖啡品質牽涉到很多人在不同階段的共同努力，分數可參考卻不能呈現品質的全部事實。想在精品咖啡的領域進階，靠咖啡的分數、讀資料了解莊園的好壞還是不夠，必須親身鑑賞來領略品質的好壞，由實際的品嚐與評鑑，一步步了解好品質的由來。好豆子會因不好的烘焙、粗劣的儲存條件而砸鍋。因此，培養自身對咖啡風味好壞的鑑賞，十分重要。

咖啡專業鑑賞指的就是杯測，有杯測自然有評分，精品咖啡界常用的評分有兩大系統，分別是美國精品咖啡協會的 SCAA 評分表、卓越組織（ACE）設計的 CoE 評分系統，兩種系統皆系出同門，差別在於 CoE 系統更著重深入發掘單一款咖啡的代表風味與各評項的細部描述。CoE 評分表藉由評分後的高低分數比較，就可產生該競賽國的年度優勝。每場次的評比過程需要較長的時間，評比測試的結果，不僅是打分數，更包括正面風味描述與為何無法達到精品的缺點說明。

兩種杯測系統的分數意義，樣品在 SCAA 評分表拿到八十四分以上，CoE 評分表拿到八十分以上，都篤定是精品等級了。

網路上很容易取得 SCAA 與 CoE 的評分表，沒受過專業訓練的人很難充分了解評項與評法，尤其兩種系統的評法還有差異。SCAA 評分表在國人很在意的乾淨度（Clean Cup）與甜度（Sweetness）的評法上受限；CoE 評分表對於「乾淨度」的詮述很深入，找尋精品豆上，這個評項很實際且好用。儘管如此，兩大評分系統是屬於咖啡農、烘豆師、吧台師父專業領域人士使用的品質鑑定制度，對消費者來說都太難懂。

我會建議咖啡愛好者從以下四點著手，作爲觀察與分辨精品咖啡的入門方法：

一．沒有瑕疵、缺陷等雜味，沒有緊澀感（without taint, fault and astringency）。

二．有甜度為基礎的愉悅風味（sweet and with pleasant flavor）。

三．咖啡可溯源（Traceability），咖啡的生產資訊充分，也就是「生產履歷」必須清楚，可追溯到生產的咖啡農。

四．卓越盃杯測表達八十分（給咖啡專業人士參考的杯測結果）。

消費者發現手中這杯咖啡有問題時，通常是指「咖啡會澀」、「不夠香」、「味道變了，喝起來不太對」等情況，可能豆子出問題，也可能是沖煮技術的問題。我爲一般消費者發展一套簡單的「聞香判味法」與「簡易杯測法」，不需要專業杯測繁複的評分表，也能判別咖啡品質的問題所在，如果熟練簡易杯測法，有興趣的人，還可以深入本文後段的「專業杯測」法。

|「聞香判味法」的步驟|

一．「聞香」：烘好的咖啡，只要在新鮮期內，聞起來可聞到自然的香氣，磨成粉時，粉比細砂糖粗一些，將粉倒入乾淨的杯子，再拿起來聞香氣。你聞到了哪些味道？這時的香氣會比聞豆子還明顯，記不住或說不出來都無所謂，問問自己：咖啡香嗎？喜歡這股香氣嗎？

二．「判味」：往放入咖啡粉的杯子裡注入剛煮開的熱水，約四分鐘後以簡單的濾器過濾咖啡渣，沒濾器的拿一只湯匙，往杯內攪拌三下後撈掉浮在表面的咖啡渣，接著就可以按自己喜歡的溫度開始試喝。（請參考簡易杯測法六張照片的說

明，來練習聞香判味）

喝的時候分：高溫（覺得咖啡溫度高但不至於燙口）、中溫（感覺像美式咖啡的溫度）、室溫等，三個溫度區間試喝。

問自己：喝到什麼味道？記錄喝到的感覺，剛開始詞窮或記不來也沒關係。接著再問問自己：剛剛這杯咖啡喜歡高溫、還是中溫的味道？當這杯咖啡溫度降至室溫時，還喜歡嗎？還是味道變了？

「聞香判味法」很適合咖啡愛好者判斷是否喜歡手上的咖啡，也可判斷豆子的現況。多練習、多累積對於風味的感覺，如果能把喝到的味道都記錄下來，不管喜不喜歡那些風味，並多與專業人士交流，久而久之，你也會累積出屬於自己的咖啡風味詮釋能力。

|「簡易杯測法」的步驟|

源自專業杯測的簡化版，目的是釐清咖啡豆當下的品質狀況，步驟很簡單，可參考附圖說明。

步驟一：聞香氣判斷新鮮度。打開包裝將豆子磨成粉前，先聞咖啡香氣，判別新鮮度。咖啡豆應該要有天然的香氣。淺焙豆香氣比較清爽，剛烘焙後的香氣甚至不太明顯，僅帶澱粉或者豆類味道；熟成後的淺焙豆會有本身的風味，例如堅果香、莓果香、柑橘、花香、蔗糖等味道。若是深焙豆，通常豆體表面會有油脂，香氣應該是濃郁的深色水果、焦糖、烤堅果、可可、巧克力等正面風味，如果味道偏油膩或者類似過期的花生、過期的堅果味，那就是不新鮮。

步驟二，開始簡易杯測。取適量咖啡粉（研磨的粗細比照手沖的刻度即可或參考照片），倒入一只乾淨且乾燥的杯子裡。水與粉的比例在一：十至一：十五皆可，如果是二〇〇c.c.左右的咖啡杯，取一湯匙的粉倒入，用剛煮開的熱開水直接注入杯中，此時咖啡粉會膨脹浮起，約四分鐘後，輕輕攪拌三次；之後，撈除表面的咖啡渣，如果是深焙豆，咖啡的表面或許仍浮一些咖啡渣或者咖啡顆粒，再等幾分鐘，渣會自然下沉。

步驟三，撈渣後約三分鐘，就可以直接用湯匙取咖啡試喝，也可用乾淨湯匙舀分到小杯內飲用，分杯飲用也方便降溫，且可以與家人或朋友一起測試。

簡易杯測法，不需學習杯測技巧、不用任何沖煮技術，目的就是找出咖啡「當下」的風味與品質，有助於釐清咖啡的新鮮度、品質，甚至沖煮技術與咖啡品質的差距。

當測出來的香氣與風味不如預期，表示測試咖啡豆的新鮮度或品質有狀況。杯測出來的香氣與風味，若是比沖煮出來的風味好，表示咖啡狀況沒問題，但沖煮技術待加強。此外，水質會有很重要的影響，簡易杯測前，記得先試喝水，確定水沒有異味、水質不會太澀，如果水有問題，記得先買瓶水來加熱，雖是簡易杯測，但水質還是必須重視。

簡易杯測很容易發現「咖啡的問題」，可用來判斷豆子是否有狀況，也可判別沖煮技術是否有問題，測試後通常會有清楚的答案。如果測出的香氣與風味皆可，且與沖煮的風味相當，表示沖煮技術如實表現該款咖啡當下的味道與品質，當然，也表示沖煮技術無法提升咖啡的風味、使其更上層樓。

杯測出來的香氣與風味皆可，但沖煮的風味更好？表示沖煮技術高超，可沖煮出咖啡的精華。一般DIY新手常無法將咖啡沖煮得比簡易杯測好，而具備優異技術的沖煮者，卻有能力將咖啡沖煮得比簡易杯測好喝，這是辨別吧台手沖煮實力的有效方法。有些咖啡競賽常用同一款豆來競比，目的也是發掘沖煮好手給予獎勵。

有了初步的鑑賞能力後，就可進階學習專業杯測。我在產區接觸「直接關係」莊園時，都使用專業杯測模式，包含在杯測前了解莊園豆種與採收處理的資訊，以及樣品的烘豆過程，然後進行完整杯測。完整杯測有三大階段，包括：**乾香、濕香、杯測**，以杯測表留下整體報告（請參卓越盃杯測系統與卓越盃杯測表細部說明）。

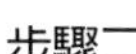

步驟一

聞香氣判斷咖啡豆的新鮮度與聞到的味道。

將咖啡研磨成粉，粗細可參考砂糖，之後將咖啡粉放入乾淨的咖啡杯內，粉與熱水的比例由1：10到1：15皆可，大約是1匙的粉對1杯的水（1匙約12克，示範的咖啡杯約180CC)。

步驟二

將咖啡粉放入乾淨的咖啡杯中，接著注入滾開的沸水，按比例將水注滿，之後計時4分鐘。

4分鐘後，用湯匙輕輕攪拌3至4次。

步驟三

將表面的咖啡渣用湯匙輕輕撈起(表面以下不用撈，以免咖啡變濁)

用乾淨的湯匙將咖啡舀入另外準備的小杯內，開始享用。

|專業杯測法|

杯測的英文稱之爲Cupping，是一種專業技術，爲了與簡易杯測區隔，因此稱「專業杯測」。杯測時，必須備妥待測樣品，以特定流程進行「準備、杯測、討論」三個過程。過程中，後勤準備與工作人員須與杯測師協同合作，人力精簡時，杯測師兼後勤與工作人員。專業杯測者需要懂得杯測技巧，以杯測匙按照一定程序評鑑咖啡樣品。杯測者必須熟悉以杯測評分的結果做品質鑑定與咖啡風味分析，並且敞開心胸討論與交流。以杯測表的各項分數與評語，找出咖啡的特性（Coffee Characteristics）。

專業杯測是檢視精品咖啡每一個環節品質的有效工具，杯測者或許對該項環節的作業模式不清楚，但不影響杯測結果的價值，專業且經驗足夠的杯測者，很容易以測出的品質情況，提供很多細節作爲該項咖啡品質的改善、回饋與建議。例如，採收的果實成熟度不均勻甚至未熟，首先反映在杯測風味就是「乾淨度」低，會出現雜味、澀感，接著影響「口腔觸感」的分數，不良的味覺也會造成較低的「啜吸風味」分數，資深的杯測師能根據杯測結果針對採收、處理程序做出詢問與建議說明。

杯測也可檢定咖啡沖煮技術並給予建議，杯測沖煮出的咖啡成品，很容易察覺手沖或虹吸常見的紙味、布味，也可偵測出咖啡味道不足導致水感、濃度不對的失衡、苦感過度，或緊澀感等等的負面風味與觸覺。根據杯測結果，可建議手沖者改善濾紙的淋濕與入水等細微技巧，或是留意虹吸濾布的清潔與虹吸的攪拌程序與沖煮過程的火力（升溫）控制，或是協助檢視研磨刻度對風味的影響，這都是專業杯測技術的運用範圍。

烘豆的成品用杯測檢視，可釐清烘豆過程中的操作模式。例如，烘焙中的定溫烘焙，或關火滑行烘焙，容易造成的平板味道或是風味減損，這些負面味道很容易藉由杯測檢視，這是杯測師對烘豆師最直接的助益。綜觀上述，杯測能力是各階段的咖啡工作者應該具備的核心能力。目前各項咖啡競賽盛行，評審的杯測能力與經驗也顯得相當重要，專業杯測能力的累積與經驗發揚，對咖啡專業度與領域內的相關人士，都有莫大助益！

專業杯測設備包括生豆含水率測試儀、烘豆機、磨豆機、調整過的水質、熱水機。

尋豆筆記

專業杯測的應用

一．找出咖啡的原始風味，了解風土與產區特色，描述代表被測咖啡的具體味道（Cup Profile），具體味道指優良風味，如有缺點風味，也必須提出來。

二．發掘出該項咖啡的烘焙特色，找出正面味道與市場可接受的風味，回饋給烘豆師參考。

三．杯測結果，做為採購該款生豆的根據，由杯測分數來對照生豆的售價，決定採購與否。

四．杯測分數與風味描述，可做為沖煮與調整配方的根據。

五．更具經驗的杯測師，其分數與風味細部說明，可提供給咖啡農參考，對咖啡櫻桃熟成程度的採收模式與生豆處理細節的建議，這包括採收後處理與後勤的改良等等。

/第四章/

專業杯測的後勤與執行過程

杯測場地與現場程序

場地：找一個適合杯測的環境，自然光線充足、無刺激味道、無刺鼻味或香味的環境，安靜不吵鬧。

備品與設備：乾淨的水、熱水加熱設備、燒水壺（至少兩把）、杯測的咖啡豆、校正過研磨刻度的磨豆機、精準到〇．一公克的電子秤、乾淨的紙杯、豆盤（Bean Tray，屬選項）、專業杯測匙（Cupping Spoon，也可以寬口圓形的湯匙來替代）、杯測玻璃杯或咖啡杯（須按杯子的cc數來配合粉量）、杯蓋或餐巾紙、討論用的白板、討論時坐的椅子、杯測表、手寫板、鉛筆、鉛筆機或削鉛筆刀。受過訓練的工作人員：知道如何準備樣品磨豆稱粉、燒開水與注杯測樣品的熱水、補充杯測桌乾淨的水與收桌，清洗杯測用品。

受過訓練的杯測師：杯測必須將五感發揮到極致，因此杯測師在前一天有專業的禁忌，包括前一晚不能喝高酒精度的酒、避免刺激性食物、當天禁飲酒精等刺激

杯測場地的光線必須明亮，相關設施要完善。

性飲料，心情放鬆及充分的睡眠。同時，杯測當天禁菸、禁食大蒜、洋蔥、辣椒等刺激性食物、禁用香水、古龍水、禁吃口香糖、禁用漱口水、禁用含清潔成分的牙線，如廁後，禁用含香料的清潔劑洗手。

｜杯測前的準備工作（Cupping Preparation）｜

一．編碼：杯測通常採盲測，不標示樣品名稱的杯測叫做盲測，盲測需要編碼，一方面避免杯測者主觀或者被樣品知名度引導，一般人如果知道待測樣品屬於知名莊園或知名品種，杯測時或多或少容易受到影響而給高分，因此杯測大都先編碼後盲測。

二．秤粉量：將研磨過的咖啡粉，放入容器內，秤需要的粉量，要注意歸零後再秤粉，杯測咖啡研磨的顆粒大小以美式咖啡壺的粗細爲準，更精細的標準測試必須拿二十號篩網測試，即七十%到七十五%的咖啡粉必須通過符合美國國家網目標準的二十網目篩網，每批Sample必須準備四杯的量。研磨前，必須先以少量的咖啡豆來清潔磨豆機（俗稱磨樣清機），清機目的是避免磨豆機內混到兩款樣品，造成杯測失去準確度、同時確保每杯磨出來的樣品沒有參雜到別款豆，每批的樣品要單獨研磨，確保品質一致。

三．粉量與水量的比例：一：十九～一：二十一區間皆可，例如十公克粉對二〇〇cc 的水；可以按杯測容器的 cc 數來推算需要的粉量，杯測用水必須是乾淨而且無雜味的水或是接近軟水，比較理想的 TDS（Total Dissolve Solids）值是一二五～一七五ppm，儘量別低於八十 ppm 或是高於二五〇 ppm。

四．杯測前才磨粉：磨粉秤粉，儘量控制在注水前十五分鐘，最好是杯測者進場前十分鐘才開始研磨取粉，同時分完成放到杯測桌後，必須用杯蓋蓋住，儘量在磨粉後的三十分鐘內讓杯測者聞完乾香並開始注熱水。

五．注熱水（Pouring）：杯測用水必須是乾淨而且無雜味的水，水必須是新鮮的，沸騰後等熱水接近 九十三ºC，然後開始兩個人一組注水。 注水時，同一個樣品的兩側，要一起注入熱水，四杯完成後，移動到下一個樣品注水，熱水倒入時，確認粉都有浸濕，熱水要足夠，同一杯不可以分次注水，要一次定位。注入熱水後，杯測者開始聞濕香氣，由第一杯注水開始計時，滿四分鐘開始破渣。

大會工作人員會依樣品的排序列出樣品編碼（或桌次別的順序碼），杯測師必須確認編碼與目測樣品的顏色來比對樣品間的烘焙度，作為杯測參考。

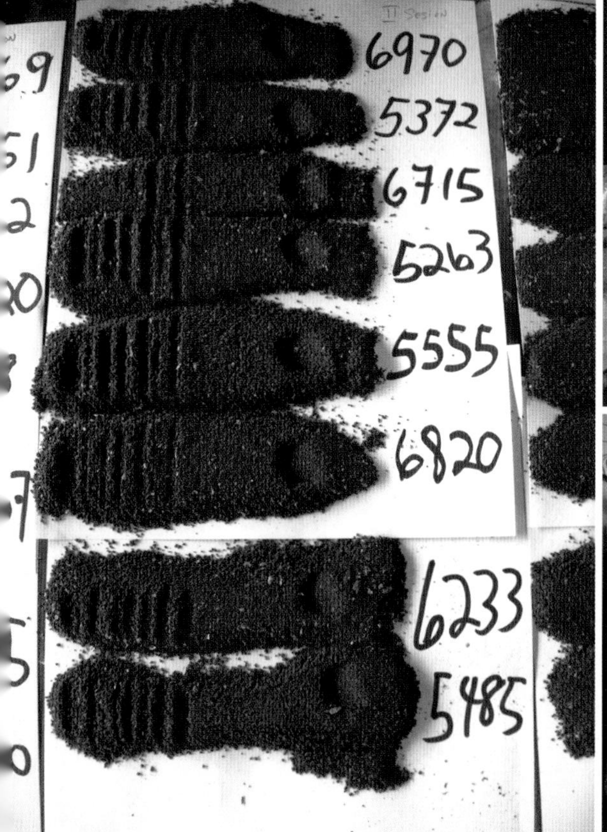

秤粉。先秤豆子重量，磨成粉後再秤粉的重量 來重複確認。

對稱注水。由桌長招喚大會工作人員注水，桌長必須注意兩邊人員是否同步注水，要確認水溫，提醒同桌杯測師注意計時並按時破渣。

| 專業杯測程序（Procedures for cupping）|

杯測需要縝密的規劃與分配任務，需要一個杯測主持人或是主導者，進行樣品配置與要求杯測者與後勤人員進入杯測狀況，如果人手不足，杯測者必須互相支援分派工作，以下是杯測流程：

一．杯測主持人進入指揮狀態。

二．CoE杯測模式：從一組樣品準備四杯，每回合杯測樣品總數不超過十份。

每張杯測桌分配四個杯測者、同一組樣品每個杯測者僅分配一杯來測乾香與濕香，開始啜吸時，同一組樣品的四杯都必須測到（因爲每份樣品有四杯）。

三．杯測主持人檢查確認：所有樣品都準備妥當且放置於桌上，編碼都清楚標示，所有樣品都有杯蓋或餐巾紙蓋上、且所有杯測者已經拿好手寫版與杯測表、鉛筆、杯測匙、後勤人員的開水也燒開，隨時可以注水，則杯測主持人宣布杯測開始。杯測開始，杯測者開始拿起樣品，檢測乾香氣，並記錄。

四．每桌推派一位桌長：大家準備好後，桌長負責協調安排同桌杯測者的乾濕香樣品，當大家測完乾香後，桌長必須呼叫後勤人員倒熱水，第一杯樣品倒入熱水後，桌長要按計時器，注水後約三十秒，杯測者開始測濕香氣。當計時器滿四分鐘，桌長要求同桌的杯測者開始破渣，聞破渣香氣。

聞乾香氣。開始杯測的第一個動作：聞所有樣品的乾香氣。以卓越盃來說，每組樣品杯測師只能拿起一杯來聞乾香。

樣品注熱水後約一分鐘，開始聞濕香氣。

五．破渣技巧：破渣同時要測破渣的香氣，用杯測匙輕攪破渣（同一個方向、由上到下輕拌三次），攪拌同時、鼻子要靠近咖啡杯聞香氣，邊破渣邊聞，別過度攪拌或在這時將咖啡渣撈起，也別將渣推到杯外！

六．撈渣：破渣後，將浮在杯內上層咖啡渣撈掉，以免杯測時嗆到。

七．開始啜吸：等咖啡溫度略降，開始啜吸！啜吸要儘量用力，將咖啡汁與空氣一起吸入口腔中，啜吸後的咖啡汁儘量吐出。

八．根據評比過程寫杯測表。

破渣。計時結束，開始破渣並聞香氣。這個階段「破渣香氣」是杯測師聞樣品香氣的第三個階段，動作比較複雜，需多練習。

標準啜吸動作。

撈渣。用雙匙撈渣比較有效率也可避免過度攪動樣品。

｜卓越盃杯測表與杯測內容解說｜

卓越組織的CoE杯測表（即國際上十一個主要咖啡產國CoE競賽時採用的杯測表）與杯測流程，已成爲衆多國家大賽專屬的標準模式，自二〇〇二年起，我在台灣推廣卓越盃杯測系統，發現此系統在「乾淨度」、「酸質」上，可做到很細膩的判讀與分析。乾淨度是一杯好咖啡的基礎，又稱爲優質酸的靈魂。如果你眞正追求好品質的咖啡（行話就是眞正的精品咖啡），辨別乾淨度與酸質就像打通任督二脈，非常重要。用杯測技術瞭解與辨識手上的咖啡品質，是找到好咖啡的必備技術，也是咖啡產業進步的表徵。

使用卓越盃杯測系統，杯測過程依序是：「測樣品乾香」、「測樣品注水後的濕香」、「測樣品破渣時的濕香氣」、「啜吸杯測風味與觸感等八大評項」。

杯測一開始的樣品乾香，杯測者就要開始紀錄，一九九九年迄今，CoE杯測表歷經十一個產地國近一百場的杯測競賽，確實能讓杯測流程很精準紀錄且測出精品咖啡的項目分數與細節，尤其精品豆特別著重的乾淨度與甜度，CoE杯測表讓杯測者更能專注在這兩大杯測基礎，進而細測其餘六大項目，因此日本精品咖啡協會與巴西精品咖啡協會多年來使用並推廣CoE杯測系統，咖啡界認爲，採用CoE杯測與給分標準，非常精準、不複雜，能讓杯測者專注學習到如何測試樣品的等級，並忠實呈現出樣品的風味狀況。

｜CoE杯測評分表與記錄、杯測評項與動作解說｜

一．Sample：寫上本回合樣品的編碼。

二．Roast：表示烘焙度，由左到右可以看出長方條內的顏色由淺到深，可以依據樣品的顏色註記烘焙度，杯測同一批樣品時，標注烘焙度很重要，烘焙過深或過淺，都會導致樣品失眞，烘焙度也是杯測時必須考慮的要項。

三．Aroma：由這個香氣評項開始了杯測的評定項目，香氣總計有三個評定階段。第一個階段是杯測一開始的乾香氣，這是杯測者唯一可以拿起待測樣品的時候，目的是聞杯內咖啡粉的乾香氣；接著是注水後聞表面的濕香氣，濕香氣分破渣前與破渣時兩個階段，指的是注水後聞的香氣與破渣時聞到的破渣香氣，聞濕香

Cup of Excellence® Cupping Form

Name ______________ # ______ Date ________ Rnd 1 2 3 Sn 1 2 3 4 5 TLB # ____ Country ____________

Cup of Excellence

	ROAST COLOR	AROMA DRY CRUST BREAK	DEFECTS # x i x 4 = SCORE	CLEAN CUP	SWEET	ACIDITY	MOUTH FEEL	FLAVOR	AFTER-TASTE	BALANCE	OVERALL	TOTAL (+36)
1. ______ SAMPLE		3 2 1 / 3 2 1 / 3 2 1	__ x __ x 4 =	0 4 6 7 8	0 4 6 7 8	0 4 6 7 8 H M L	0 4 6 7 8 H M L	0 4 6 7 8	0 4 6 7 8	0 4 6 7 8	0 4 6 7 8	
2. ______ SAMPLE		3 2 1 / 3 2 1 / 3 2 1	__ x __ x 4 =	0 4 6 7 8	0 4 6 7 8	0 4 6 7 8 H M L	0 4 6 7 8 H M L	0 4 6 7 8	0 4 6 7 8	0 4 6 7 8	0 4 6 7 8	
3. ______ SAMPLE		3 2 1 / 3 2 1 / 3 2 1	__ x __ x 4 =	0 4 6 7 8	0 4 6 7 8	0 4 6 7 8 H M L	0 4 6 7 8 H M L	0 4 6 7 8	0 4 6 7 8	0 4 6 7 8	0 4 6 7 8	
4. ______ SAMPLE		3 2 1 / 3 2 1 / 3 2 1	__ x __ x 4 =	0 4 6 7 8	0 4 6 7 8	0 4 6 7 8 H M L	0 4 6 7 8 H M L	0 4 6 7 8	0 4 6 7 8	0 4 6 7 8	0 4 6 7 8	
5. ______ SAMPLE		3 2 1 / 3 2 1 / 3 2 1	__ x __ x 4 =	0 4 6 7 8	0 4 6 7 8	0 4 6 7 8 H M L	0 4 6 7 8 H M L	0 4 6 7 8	0 4 6 7 8	0 4 6 7 8	0 4 6 7 8	
6. ______ SAMPLE		3 2 1 / 3 2 1 / 3 2 1	__ x __ x 4 =	0 4 6 7 8	0 4 6 7 8	0 4 6 7 8 H M L	0 4 6 7 8 H M L	0 4 6 7 8	0 4 6 7 8	0 4 6 7 8	0 4 6 7 8	
7. ______ SAMPLE		3 2 1 / 3 2 1 / 3 2 1	__ x __ x 4 =	0 4 6 7 8	0 4 6 7 8	0 4 6 7 8 H M L	0 4 6 7 8 H M L	0 4 6 7 8	0 4 6 7 8	0 4 6 7 8	0 4 6 7 8	
8. ______ SAMPLE		3 2 1 / 3 2 1 / 3 2 1	__ x __ x 4 =	0 4 6 7 8	0 4 6 7 8	0 4 6 7 8 H M L	0 4 6 7 8 H M L	0 4 6 7 8	0 4 6 7 8	0 4 6 7 8	0 4 6 7 8	
9. ______ SAMPLE		3 2 1 / 3 2 1 / 3 2 1	__ x __ x 4 =	0 4 6 7 8	0 4 6 7 8	0 4 6 7 8 H M L	0 4 6 7 8 H M L	0 4 6 7 8	0 4 6 7 8	0 4 6 7 8	0 4 6 7 8	
10. ______ SAMPLE		3 2 1 / 3 2 1 / 3 2 1	__ x __ x 4 =	0 4 6 7 8	0 4 6 7 8	0 4 6 7 8 H M L	0 4 6 7 8 H M L	0 4 6 7 8	0 4 6 7 8	0 4 6 7 8	0 4 6 7 8	

氣要在工作人員注完熱水後約二十～三十秒開始進行聞的動作。由這個階段開始，不可以移動樣品。濕香氣的感受方法很簡單，鼻子靠近樣品杯即可（注意不要被燙到），或是鼻子沾到咖啡粉層；第三個香氣階段是破渣時的香氣，杯測者破渣前，鼻子先靠近樣本，然後邊破渣邊聞濕香氣，通常這時聞到的破渣香氣都是吸引人的味道，咖啡香氣種類很多，有花香、莓果香、焦糖香、堅果香、巧克力、香料，若是測試到不佳的樣品，就不乏負面的雜感、草味、紙板味等等。

CoE 杯測表在 Aroma 這一項的香氣評價僅列入參考，不計入總分，但細分爲三個紀錄階段，因爲多款樣品杯測時，樣本往往在杯測開始前四十五分鐘就磨好了，此時計算香氣不盡公允，磨豆四十五分鐘後，很多香氣已流失，但在之後的杯測風味、餘味、整體評價中，香氣還是列入評分。

四 · Defects，指缺點或是缺陷、瑕疵等味道，屬扣分項目，在 CoE 精品杯測的實務中，使用缺點扣分的機會很少，如果遇到了，還是要知道如何使用缺點扣分。

扣分方法為：

缺陷風味的程度（有兩杯以上，取嚴重者）×杯數（有缺陷風味的杯數）×4＝扣分（如果樣品有扣分項目，則必須由總分再扣掉本項缺陷分數，才是樣品的真正分數）

缺陷風味的程度分三級：一分屬輕微，二分屬中度，三分屬強烈。因為每個樣品有四杯，要確認這個樣品中有幾杯有缺點風味，最後再乘以四杯。舉例來說，你發現一個樣品中有刺鼻醋酸酵酸味，其中一杯很嚴重，另一杯輕微，另外兩杯沒有。此時，扣分的算法為：

2（中度缺陷）×2（指樣本中2杯有缺陷味道）×4＝16分

指這個樣品必須扣掉十六分的缺點分數。

五 · Clean Cup：乾淨度。乾淨度是精品豆很重要也是必備的條件，乾淨就是指咖啡沒有任何缺點與污損的缺陷味道（complete freedom from taints or faults），咖啡有腐敗、土味、藥碘味、發酵酸、橡膠、洋蔥、澀感等等不好的味道與觸覺都表示不夠乾淨，表示採收或是處理有問題；咖啡必須要有好的乾淨度才能展現咖啡本身獨特的風土特色也代表咖啡農在栽採與處理時很用心。

六．Sweetness：甜度。甜度不僅代表咖啡櫻桃在最佳的成熟期採收，也表示沒有摻雜未熟或過熟的果實，「好的甜度」表示測試的樣品品質很好，因只有挑選最佳熟成的咖啡櫻桃來處理成生豆，才能得到好的甜度表現。甜的種類很多樣，甘蔗甜、焦糖甜、蜂蜜甜等等，這些都是評比時可註明的。如果甜帶澀、甜挾著苦雜味，甜在口腔停留時間很短，則甜度分數通常不會超過六分。

七．Acidity：酸質。如果用人體器官來比喻，酸質就像是精品咖啡的脊柱或中樞神經，好的酸質不會像醋，即使明亮活潑也可測出像柑橘、莓果或是帶甜的檸檬感等多樣的酸，也有像哈蜜瓜的瓜甜酸或是剛成熟蘋果的清脆果酸。以上這些酸質都屬優質的酸；不好的酸就像未成熟的水果或像醋酸，更不好的酸像過度發酵的劣質酒精或是爛熟的水果味或腐敗味。 打酸質分數要注意，別被酸的強弱度左右，在酸質評項下方有一個強弱度階梯，標示 L、M、H，這僅表示酸的數量強弱，L 代表低或者淡（Light），依次是 M 代表中度（Moderate），與 L 代表強酸（High）。有些樣品酸很輕柔但品質奇佳，這時酸的評項還是要給高分。

八．Mouthfeel：口腔觸感。口腔觸這個評項不是測味道，屬於口腔感受到的質量感與觸感、油脂感、黏度等等，這都構成了整體觸感，觸感也有負面的澀感、緊縮感、水感等。如何分辨觸感品質？以牛奶與水為例，前者的觸感就比後者高很多，牛奶在口中的滑順與油脂感都遠比水要好，這就是分辨的一個訓練。同理，濃湯與清湯也是，前者的稠度與觸感遠比後者高，相對分數也高，同酸質評項，口腔觸感下方也有一個強弱度階梯，標示 L、M、H，這僅表示觸感的分量高低，不一定與品質正相關。L代表觸感較弱或者水感（Light），依次是 L 代表中度（Medium），與 H 代表高度觸感（Heavy Body）。有些樣品的觸感分量雖不強，例如樣品的觸感像絲綢般的細膩與愉悅，但不像冰淇淋般的厚實感，這時仍可在觸感拿到高分。

九．Flavor：啜吸風味，啜吸風味涵蓋各種味道與嗅覺，甚至鼻腔感受到的香氣都屬於這個評項。啜吸風味就是樣品的味道，杯測者喝到的種種風味與感受到的香氣都屬這個評項，多數人問咖啡是什麼味道，發問者問的其實是「啜吸風味」評項。CoE杯測時，一個回合會測八款樣品，前面提過豆子已經事先磨好等因素，導致CoE的香氣評項僅計強弱與註明風味，不計算分數，開始杯測後，杯測者清楚在啜吸過程中感受到的嗅覺味道，是可以在啜吸風味這裡列入分數考量的，因此，啜吸風味實際上包括了喝到的風味與聞到的味道總合。啜吸風味是極重要的一個評項，也是描述杯測樣品風味特色的重要依據。

十．Aftertaste：餘味。啜吸後，無論是將咖啡吐掉或喝下去，之後仍殘留在口腔內的各種味道或香氣或觸感，通稱爲餘味，也有人說「後味」。好的風味若是停留得較久，例如甜感與一些正面的風味，在啜吸後仍清晰的停留在口腔甚至擴散到舌面甚至近喉嚨處，則餘味得分會高。反之，沒有餘味，或餘味甚短，則得分低。

十一．Balance：均衡度，指咖啡的各個評項是否均衡，例如酸雖明亮但仍帶甜，觸感黏稠但不會澀，咖啡的各種風味是否和諧，若答案皆是，則本項評分會高。

十二．Overall：整體評價。整體而言，這款樣品優異嗎？吸引你？一般？或你根本不喜歡？這個評項是杯測者的整體評估，可以反映杯測者個人的喜好。

｜分數的計算及標準｜

CoE 評分表有八大評項，每個評項最高分是八分，最低分是零分，CoE 是百分制，最後要加權三十六分，因此總分是一百分。每個單項分數打法與分數代表如下：

※ 零分代表該評項的品質完全無法接受（Unacceptable）

※ 四分代表該評項品質貧瘠（Poor）

※ 五分代表該評項的品質屬一般（Ordinary），五分就是商業豆或高級商業豆等級。

※ 六分代表該評項已達到CoE競賽級的標準，屬於良好的品質（Fine）。

※ 六分到七分表示介於良好至優秀之間。

※ 八分代表非常優秀的等級（Great）。

因爲 CoE 著重在精品咖啡的測試，因此高級商業豆等級以下的評項沒有細分，也就是五分以下僅打整數分，即五分、四分、三分、二分、一分。

※ 六分到八分之間都屬精品級可以打〇．五分的級距，也就是六分到八分可打的分數，分別是六分、六．五分、七分、七．五分、八分 。六分是良好的精品，七分市優秀，八分就是非常優秀，接近完美。

最後的總分系統在CoE標準的判別：
總分在六十九分以下，屬略差的商業豆或是工業用豆。
總分在七十～七十四分間，屬於一般商業豆。
總分在七十五分～七十九分間，較優的商業豆一般稱為高級商業豆（High Commercial Coffee）。
若總分在八十～八十四．五分間，屬於精品咖啡。
若總分達八十五分以上，屬於 CoE 競賽級，也就是卓越盃的優勝咖啡，是目前國際咖啡界公認最高水準的區塊。

CoE 杯測表有八大評項，但可以在溝通與討論時濃縮爲乾香、濕香、整體啜吸風味，也就是將香氣的描述放在乾香與濕香，因爲香氣是咖啡吸引人的重要因素，也是咖啡風味與新鮮度的具體象徵。整體啜吸風味可以將八大評項做一整體的濃縮報告，本書的莊園杯測報告雖以「乾香、濕香、啜吸風味」三大項爲主，整個杯測程序與細部風味其實還是源自卓越盃杯測表的紀錄。

〈附錄〉中南美洲咖啡用詞 A to Z譯註與說明

Acatenango Valley · 阿卡提蘭夠山谷，瓜地馬拉八大產區之一

ACE · 卓越咖啡組織，全名 Alliance of Coffee Excellence，ACE 為卓越盃主辦單位，總部設於美國

Acidity · 酸質

African Bed · 非洲式棚架日曬，離地搭架日曬的方式

Aftertaste · 餘味或後味

Agalta Tropical · 熱帶阿卡塔，宏都拉斯六大產區之一

Ahuachpán · 歐阿恰班，薩爾瓦多產區

Alberto, Chepe, Chomo, Lencho, Santiago, Beto, Pascual · 阿貝都、切別、秋謀、連秋、聖地牙哥、貝多、帕斯瓜爾，以上皆人名，瓜地馬拉聖費麗莎莊園工作人員

Aleco Chigounis · 亞列克 · 齊克諾斯，美國名杯測師

Alexander Duncan MacIntyre · 亞歷山大 · 鄧肯，卡托瓦莊園創辦者

Alto Quiel · 鄂圖給而，地名，巴拿馬 博魁地

Anabella · 安那貝拉，瓜地馬拉聖費麗莎莊園經理，2013年曾來台訪問

ANACAFE，Asociación Nacional del Café · 瓜地馬拉國家咖啡協會，簡稱安娜咖會

Andrew Miller · 安得魯 · 米勒，任職於美國 Coffee Impoeter

Anette · Anette Moldvaer，安妮塔，英國平方哩咖啡共同創辦人

Antigua · 安提瓜，瓜地馬拉八大產區之一

Antioquia · 安蒂奧基亞，哥倫比亞咖啡產區

Antivo · 安提摩，茵赫特莊園生豆標示，混合波旁種與卡太依種

Antonio Meneses · 安東尼 · 昧魅西斯，聖費麗莎莊園主

Apaneca-llamatepec · 阿帕內卡 · 依拉瑪鐵別，薩爾瓦多知名產區

Apaneca · 阿帕內卡，薩國咖啡產區

APCEJC，Associacion de Productores de Cafe Especial Juan Café · 阿波西克，簡稱璜咖會（Juan Café）

Apricot · 杏桃

Aroma · 香氣

Artemio Zapata Tejada · 阿雷鐵尼爾 · 沙帕達 · 特哈達，墨西哥冠軍莊園主

Arturo Aguirre · 阿圖拉 · 基雷，茵赫特莊園主

ASORCAFE，Asociación de Productores de Café del Oriente Caucano · 阿颼咖會

Astringency · 澀感，緊澀、乾縮等不好的觸感

Aura Delia Insandara · 阿烏拉 · 蝶麗亞 · 因善達拉，人名

B

BAHIA · 巴伊亞，位於巴西東北方的州，高海拔區產精品

Bajarque · 咖啡果實熟成期間因強風、下雨導致容易落果的現象

Balance · 均衡度

Baru · 巴魯火山，巴拿馬唯一的大火山，兩側為精品咖啡產區

Bean tray · 生豆盤

Beneficial Las Segovias · 新西葛維亞處理場

Beneficio Los Ausoles, Coop. de Cafetaleros Los Ausoles · 洛斯阿收列斯合作社

Black cherry · 黑櫻桃

Body · 專指咖啡質地的品質，Mouthfeel（口腔觸感）比 Body（質地）更廣泛，包括觸感、重量感、濃度、黏度等非味覺性的感受都算口腔觸感

Bogota · 波哥大，哥倫比亞首都

BOP · 最佳巴拿馬，巴拿馬精品咖啡協會舉辦的年度競賽，全名 Best of Panama

Bouquete · 博魁地，巴拿馬著名的高海拔咖啡產區與當地行政中心

Bourbon Peaberry · 波旁種的圓豆

Bourbon · 波旁，咖啡品種

Bright · 明亮，指酸質明亮活潑

Brix Meter · 糖度計

BSCA · 巴西精品咖啡協會

Buttery · 奶油般，在杯測中有兩種用法，形容觸感的「奶油脂感」或風味的「奶油酸香」

C

Café Granja La Esperanza · 巴拿馬希望莊園

Cafes de Brazil · 巴西國家咖啡局

Caldas · 卡爾達斯，哥倫比亞咖啡產區

Caldera · 卡蝶拉河， 源自巴魯火山，流經博魁地

Camapara · 卡馬帕拉，宏國西部咖啡（HWC）八個次產區之一

Cañas Verdes · 卡瑙斯 · 維德維司，巴拿馬小產區，翡翠莊園有部份位於此地

Candela · 坎蝶拉，指彼得拉 · 坎蝶拉（Piedra de Candela），巴拿馬產區，靠近哥斯大黎加

Cantar Don Tito · 巴拿馬 甘達拉 · 唐迪多莊園

Carlos Muñoz · 卡羅斯 · 穆紐斯，瓜地馬拉安娜咖啡協會杯測主管

Carmo de Minas · 卡摩米納斯，巴西知名精品產區，位於南米納斯州

C

Castillo · 卡斯提優種，咖啡品種，來自哥倫比亞研究機構西尼咖會（Cenicafé）
Catimor · 卡蒂摩，咖啡品種
Catuai Rojo · 紅卡太依，咖啡品種
Catuai · 卡太依種
Caturra · 卡杜拉或譯卡圖拉，咖啡品種
Cauca · 考卡，哥倫比亞省分，亦為咖啡產區
Celaque · 西拉給，宏國西部咖啡（HWC）八個次產區之一
Cenicafé · 西尼咖會哥倫比亞研究機構，培育出卡斯提優種
Centro-Oeste Paulista · 保利斯塔中西部，巴西產區
Cerrado da Bahia · 席拉多巴伊亞，巴西產區
Cerrado de Minas · 希哈朵，巴西名產區
Cerro Negro Farm · 黑山莊園，薩國2007年卓越盃季軍莊園
Cerro Verde · 西羅微微火山，薩爾瓦多火山
Chalatenango · 恰拉提蘭夠，薩爾瓦多北部產區
Chapada de Minas · 沙帕達，巴西名產區
Chapada Diamantina Region · 沙帕達迪亞曼蒂納區，產精品，巴西巴伊亞高原
Chiapas · 恰帕斯，墨西哥產區
Chicken Bus · 雞車，瓜地馬拉當地的舊型巴士，常見於中美洲諸國
Chimaltenango · 其瑪提蘭夠省，瓜地馬拉省名
Chiriquí Province · 奇利基省，位於該國西部
Cinnamon Roast · 肉桂色烘焙，屬極淺烘焙，多用在杯測
Clarity · 清晰度，指咖啡的品質不僅乾淨且可清晰辨識風味
Clean Cup · 乾淨度（杯測評項之一）
Climate · 氣候
Coatepec · 科鐵佩克，地名
CoE 即 Cup of Excellence · 卓越盃咖啡競賽
Coffee Berry Borer · 咖啡果蠹蟲，簡稱 Broca（布羅卡）
Coffee characteristics · 咖啡的特性，包括原始風味與烘焙帶出的風味
Coffee Importer · 咖啡進口商，此為美國生豆貿易商的公司名稱
Color · 指生豆的顏色
Comayagua · 肇瑪阿瓜，宏都拉斯六大產區之一
Complex · 複雜性，用來描述咖啡風味，複雜性是很正面的形容詞

Congolón · 鞏各隆，宏國西部咖啡（HWC）八個次產區之一
Conilon Capixaba region · 科尼隆 · 聖埃斯皮里圖，巴西咖啡產區
Consejo Salvadoreño del Café （CSC） · 康謝侯 · 薩爾瓦多咖啡局，簡稱 Consejo
Copalchí · 科八契，遮蔭樹
Copan · 科班，宏都拉斯六大產區之一，主要位於西部、南部
COTY · 科堤——美國精品咖啡協會年度咖啡競賽，全名是：Coffee of the Year
Counter Culture · 反文化咖啡，美國精品咖啡業者
Crowne Plaza Hotel · 皇冠假日酒店
Cup of Excellence · 簡稱 CoE，卓越盃競賽，舉世最重要的精品咖啡競賽，由 ACE 負責營運與管理。1999年首創於巴西，巴西、哥倫比亞、尼加拉瓜、瓜地馬拉、薩爾瓦多、宏都拉斯、哥斯大黎加、玻利維亞、盧安達、墨西哥、浦隆地等十一大國採用卓越盃為該國年度最佳咖啡競賽
Cup Profile · 指咖啡具體的風味特徵
Cupping Preparation · 杯測準備的工作項目
Cupping Spoon · 咖啡專業杯測匙
Cupping · 杯測，指咖啡杯測

D

Daniel Peterson · 丹尼爾 · 彼德森，翡翠莊園第三代
Dave University · 大衛大學，位於巴拿馬大衛市
David · 大衛市，奇利基省的省會
Defects · 缺點或是缺陷、瑕疵等味道，屬負面項目
Derriça Method · 得力莎摘採法，巴西手工採收咖啡果實的方法
Diamond Mountain · 鑽石山，翡翠的傳統品種
Direct Trade Coffee 或 Direct Relationship Coffee · 直接關係咖啡，簡稱 DT，烘豆商直接至莊園買豆與生產者直接建立雙方關係的方式
DIY · 自己動手做
Don Pachi · 巴拿馬 唐帕契莊園
Double Soaking · 水洗雙重靜置法 ，咖啡處理法之一
Doug Zell · 道格·澤爾，美國知識份子咖啡老闆
Drink it and Smile · 「微笑飲用」，薩爾瓦多咖啡局行銷口號
Dry Miller · 乾處理場，指處理咖啡乾燥後的去殼、分級、裝袋等程序的工廠

E

Eco-Friendly · 環境友善

Edgar Laureano Cordova · 艾德尬 · 拉屋黎亞 · 扣德瓦，哥倫比亞橙樹莊園栽種者

Eduardo Ambrocio · 厄瓜朵 · 安伯修，咖啡名人，亦為卓越盃主審之一

Eduardo Francisco · 厄瓜朵 · 法蘭西斯，全名為：Eduardo Francisco de Jesús Castro

El Cucho · 庫丘莊園，位於哥倫比亞納麗紐省的聯合鎮（La Union）

El Diviso · 發現莊園，位於哥倫比亞納麗紐省的聯合鎮（La Union）

El Injerto's Reserva del Comendador® · 茵赫特莊園精選競標，屬莊園自辦獨立競標

El Injerto · 茵赫特，瓜地馬拉知名冠軍莊園

El Mango · 芒果莊園，位於哥倫比亞納麗紐省的聯合鎮（La Union）

El Paraiso · 帕拉索，宏都拉斯六大產區之一

El Placer · 艾爾 · 普拉賽爾，哥倫比亞2010卓越盃亞軍莊園

El Salto · 艾爾 · 莎朵，巴拿馬地名，位於博魁地

El Socorro · 艾爾 · 薩克羅莊園，瓜地馬拉卓越盃兩次冠軍莊園

Elida · 艾麗達莊園，巴拿馬名莊園

Enduring · 持久性，指酸質或風味或餘味的持久

Erapuca · 拉鋪卡，宏國西部咖啡（HWC）八個次產區之一

Erna Knutsen · 娥娜 · 努森，1978年娥娜提出 Specialty Coffee 精品咖啡一詞

Erwin Mierisch · 厄文 · 米瑞許，卓越盃主審之一，家族擁有檸檬樹莊園

Esmeralda Specia · l翡翠特選，指翡翠莊園獨立競標的瑰夏種

ESPÍRITO SANTO · 聖艾斯提皮里托州，巴西咖啡產量第二大的洲

Ethiopia Process · 衣索匹亞的咖啡處理法

Ethiopia Wet Fermentation · 衣索匹亞水洗法，屬於傳統濕式發酵水洗法

Extra Ripe Cherry · 過熟的咖啡櫻桃

F

Fabrizio Seed · 法布里西歐 · 席，2012 WBC 亞軍，墨西哥代表

Fault · 缺陷風味，指咖啡負面味，缺陷風味會損及乾淨度

Fazenda do Sertão · 悉朵莊園，巴西

Fazenda Santa Inês · 聖塔茵莊園，巴西

Fazenda Serra das Três Barras · 簡稱三山河莊園或 TBS 莊園，巴西

FestCafe · 指巴西費斯咖會——巴西政府舉辦的國際咖啡會議

Finca Alaska · 阿拉斯加莊園，薩爾瓦多

Finca La Esperanza · 希望莊園，屬常見莊園名稱

Finca Santa Felisa · 聖費麗莎莊園，瓜地馬拉著名有機咖啡園

Fine · 良好，也指咖啡等級

Flavor · 啜吸風味

Floral · 花香

For the good of all · 小農競賽計畫口號，指同舟共濟、眾人皆利

Fraijanes Plateau · 法拉漢尼斯平原，瓜地馬拉八大產區之一

Francisco Isidoro Dias Pereira · 法蘭西斯可 · 伊西多羅 · 迪亞斯 · 佩雷拉，巴西咖啡農

Francisco Mena · 法蘭西斯可 · 梅那，哥斯大黎加出口商

Friday Afternoon Farmer Meeting · 卓越盃競賽期間的「國際評審與咖啡農交流會談」

From Cherry to Green Bean · 咖啡果實變成咖啡生豆的過程

From Seed to Cup · 由生豆到變成一杯咖啡的階段

Full Washed · 水洗法，咖啡處理法之一

Fully Mature · 咖啡果實100% 熟成，常輔以甜度計判斷

Full · 飽滿

G

Garnica · 葛羅尼卡種，咖啡品種，栽種於墨西哥

Geff Wallts · 傑夫 · 華茲，美國精品烘豆商——知識分子副總裁

Geisha · 瑰夏種，國內亦有人翻譯作「藝妓」，源自衣索匹亞

Geisha Boquete · 瑰夏 · 博魁地，翡翠莊園非競標的瑰夏種

Geographical Indication · 地理標示

Geography · 地理區域

George Howell · 喬治 · 豪爾，重量級名人，喬治豪爾咖啡創辦人

Giancarlo · 奇安卡洛，哥倫比亞私人小農計畫品管經理

Giovanni Castillo · 寇安尼 · 卡斯提優

Graciano Cruz · 葛西安諾 · 克魯茲，巴拿馬咖啡農

Granada · 格蘭那達，尼加拉瓜省名，省會也叫格蘭那達，是知名古城

Great · 非常好，優秀

Green Mountain · 綠山，本書指宏國西部咖啡（HWC）八個次產區之一

Guardiola-Type Coffee Dryers · 瓜迪奧拉大型烘乾機

Güisayote · 古伊莎優蝶，宏國西部咖啡（HWC）八個次產區之一

H

H3．咖啡品種，羅米蘇丹與卡杜拉的混種，為瓜國茵赫特莊園實驗中之品種

Hard．堅硬，此指負面味道，巴西生豆分級之一

Havaianas．巴西知名夾腳拖品牌

Hayashi．林秀豪，日本精品咖啡協會前主席

Hazelnut．榛果

Heavy．厚實

Héctor González．黑克都壘．岡薩雷斯，瓜地馬拉杯測師，2010世界杯測大賽冠軍

Hermes Lasso．葉列昧斯．拉索庫，庫丘莊園栽種者，哥倫比亞，咖啡級數之一

HG．高級品（High Grown），栽種高度為九一五至一二二〇公尺

High commercial coffee．高級商業豆咖啡

Highland Huehue．薇薇高原，瓜地馬拉八大產區之一

Honduras Coffee Grade．宏都拉斯咖啡分級

Honey Process．蜜處理法（Honey Process，源自 PN 的處理法）

Honey．蜂蜜

Huila．薇拉，哥倫比亞省分，咖啡產區

HWC．宏都拉斯西部咖啡協會

Hybrid process ．介於日曬與水洗兩者之間的處理法，如半水洗、PN、蜜處理

I

Ibagué．宜巴給，地名

ICO．國際咖啡組織

IHCAFE- Instituto Hondureno del Café．壹咖會或伊咖啡協會，宏都拉斯咖啡局

Ilamatepec．依拉馬鐵別，薩爾瓦多產區

Ingas．印尬斯，遮蔭樹

Intelligentsia．知識分子咖啡，美國知名烘豆商

Internet Coffee Auction．咖啡於網路公開競標，卓越盃、最佳巴拿馬、翡翠莊園、茵赫特、聖費麗莎均採此種競標方式

Intertropical Convergence Zone．簡稱 ITCZ，赤道低壓帶，即間熱帶幅合帶

Inversiones Mierisch．殷孟雄芮斯．米瑞許，檸檬樹諸莊園的掌門人

Inza．蔭薩，地名

IP．智慧財產權，全名 ：Intellectual Property

Itoya Coffee Company．系屋咖啡，日本烘豆商

Izalco · 依札扣火山，薩爾瓦多

J

Jairo Meza · 哈優 · 昧薩，芒果莊園栽種者，哥倫比亞
James Hill 珍 · 希爾處理場，薩爾瓦多
Jaramillo Special · 翡翠莊園——荷拉米幽精選
Jasmine · 茉莉花香
Java Nica · 尼加爪哇種，在尼加拉瓜復育的爪哇種
Java－Long berry · 爪哇長顆種，Long Berry 指外型細長的咖啡豆
Jesus Aguirre Pana · 黑蘇 · 阿基雷帕那，茵赫特莊園第一代主人
José Wagner Ribeiro Junqueira · 何賽·瓦格納 · 里貝羅 · 瓊恩啓達，TBS莊園主
Juan Jose Ernesto Menendez · 璜荷西 · 恩內思多 · 昧連德斯，薩爾瓦多夢幻莊園、布魯馬斯莊園兩冠軍莊園主
Juan Silvestre · 璜 · 西偉斯德磊，安娜協會首席烘豆師
Juanetillo · 璜內提優，尼國聯合咖啡組織旗下的實驗站
Juicy · 果汁感
Julia · 朱莉亞，女子名

K

K72 · 肯亞 72 小時水洗處理法，本書以聖費麗莎莊園 K72 處理法為範例
Kaffa 咖法咖啡，挪威精品咖啡業者
Kentaro Maruyama · 丸山健太郎，丸山咖啡老闆（Maruyama Coffee）
Kent · 肯特，咖啡品種
Kenya Coffee Variety · 肯亞咖啡種，常指 SL 28 系列
Kotowa Don K · 卡托瓦 · 唐赫，巴拿馬莊園
Kotowa Duncan · 卡托瓦 · 鄧肯，巴拿馬莊園
Kotowa · 卡托瓦莊園，位於巴拿馬

L

La Esmeralda · 翡翠莊園，位於巴拿馬

La Esperanza · 希望莊園，很普遍的咖啡莊園名

La Gloria · 葛洛麗亞，莊園名

La Guajira · 瓜西拉，位於哥倫比亞

La Ilusión · 夢幻莊園，薩爾瓦多冠軍莊園

La Libertad · 拉莉麥達，薇薇高原的行政中心

La Minita · 拉蜜妮塔莊園，尼國名莊園，另一同名莊園在哥斯大黎加，後者相當知名

La Paz · 拉帕茲，宏國產區

La Piramide · 金字塔，阿颼咖會的咖啡品牌

La Plata · 拉普拉達，哥倫比亞地名

La Roja · 葉鏽病，即 Coffee Leaf Rust，或簡稱 CLR

La Union · 聯合鎮，指哥倫比亞納麗紐省的聯合鎮

La Union · 拉優尼恩，哥倫比亞地名

La Unión · 聯合莊園，2005 尼國冠軍莊園

Las Brumas · 布魯馬斯，薩國 2012 冠軍莊園

Las Fincas Del Suspiro · 戴爾 · 蘇斯必羅，墨西哥首屆冠軍莊園主

Las Mingas Project · 拉斯 · 敏尬斯，哥倫比亞私人小農競賽計畫

Las Naranjos 或 Finca Los Naranjos · 橙樹莊園，位於哥倫比亞納麗紐省聯合鎮

Las Nubes · 雲霧莊園，咖啡莊園名，本書指 2005 尼國亞軍莊園

Laura Elina Bravo · 拉烏拉 · 葉麗娜 · 布拉柏，納麗紐省聯合鎮希望莊園女主人

Limoncillo · 檸檬樹莊園，尼加拉瓜名莊園

L、M、H · CoE 評分表中，表示酸或口腔觸感的數量強弱，L 代表低（Light），M 是中度（ Moderate），H 表示高 （High）

Loam · 壤土

Long Lasting · 指咖啡餘味很持久

Los Cipres · 賽普雷斯莊園，為 2005 尼加拉瓜季軍莊園

Los Lajones · 巴拿馬，拉斯 · 拉宏內斯莊園，以蜜處理法出名

Lot · 批次，指同一批採收或同一批處理的咖啡，可分日批次，採收批次

Luis Alberto Balladares · 路易斯 · 阿爾貝托 · 巴雷斯，尼國天賜莊園主

Luis Alvarado · 路易斯 · 阿瓦拉朵，瓜地馬拉安娜協會杯測師

M

M0・歐舍咖啡烘焙度分類，一爆前段起鍋的烘焙度，接近肉桂烘焙（Cinnamon Roast）

Macadamias・馬卡拉米亞斯莊園，瓜地馬拉茵赫特的兄弟莊園

Magaña・厄瓜朵・法蘭西斯可・黑蘇卡斯處瑪葛，薩國帕卡瑪拉咖啡園主

Malic・蘋果風味

Mama Mina・米娜媽媽莊園，尼加拉瓜名莊園

Mantinqueira・孟汀奎山脈，位於巴西卡摩米納斯

Maracaturra・馬拉卡杜拉，咖啡品種

Maragoipe・馬拉葛西皮，咖啡品種，俗稱象豆

Maragua・馬納瓜，尼加拉瓜首都

Marcala Coffee・馬卡拉咖啡，宏都拉斯南方與西南方咖啡農聯合品牌

Maria Carmen・全名為瑪利亞・卡門・葉列拉（Maria Carmen Herrera），2010 哥倫比亞、亞軍──艾爾・普拉賽爾莊園主

Maria Ligia Mierisch・瑪利亞・米瑞許，檸檬樹莊園主

Mario・翡翠莊園的馬力歐批次

Maruyama Coffee (Japan)・丸山咖啡，日本知名豆商

Matagalpa・瑪塔嘉帕，尼加拉瓜高原

Matas de Minas・馬踏斯，巴西名產區

Maya Kakchiquel・馬雅人，分佈於中美洲

Mozante・墨松提，地名，位於尼加拉瓜新西葛維亞省

MC・集體品牌，全名 Brand Collective

Medellín・梅德茵或梅德林，哥倫比亞咖啡集散地

Mesias Bravo Narvaez・昧西亞・布拉抹・納努賣斯，哥國聖安東尼莊園栽種者

Mexican Coffee Institute・墨國咖啡協會，簡稱英昧咖會（INMECAFE）

MINAS GERAIS・米納斯州，巴西州名

Miriam Fernandez・彌里安・費南德斯，哥倫比亞發現莊園栽種者

Mo+・歐舍標示的烘焙度，指一爆中後段起鍋的烘焙度

Mocca・摩卡種

Mogiana・摩基雅那，巴西咖啡產區位於聖保羅州

Montanhas do Espírito Santo・聖靈山，咖啡產區，位於巴西聖艾斯提皮里托州

Monte Sion・蒙特蕭恩莊園，薩爾瓦多

Montecillos・蒙德西猶斯宏都拉斯六大產區之一

Mouthfeel・口腔觸感，咖啡味道以外的感覺統稱「口腔觸感」，杯測評項之一

M

Mundo Nova · 夢得挪瓦，咖啡品種

N

Nariño · 納尼紐，哥倫比亞省份，亦為咖啡產區

Natural 22 · 瓜地馬拉聖費麗莎日曬法，Natural 22，咖啡櫻桃含糖量 22% 才採收

Natural Geisha · 日曬處理的瑰夏種

Natural Miel · 蜜處理，即 Honey Process 或 Miel process

Natural Sun-dried Method · 傳統的日曬法

Natural · 日曬法

Neto · 聶多，全名為Juan Jose Ernesto Menendez ，薩爾瓦多夢幻莊園的主人

New Oriente · 新東方，瓜地馬拉八大產區之一

New York C Market · 紐約 C 市場的報價，本書指 C 市場有關各級咖啡的報價

Nueva Segovia · 新西葛維亞，尼加拉瓜省名，盛產精品咖啡

O

Oaxaca · 瓦哈卡，墨西哥產區

OCIA, EU, JAS · 指美國、歐盟、日本的有機認證

Octal · 歐可塔，尼加拉瓜新西葛維亞省省會

Olvin Esmelin Fernández · 歐文 · 費南德茲，2011 宏都拉斯卓越盃亞軍莊園主

Olvin · 歐文莊園，2011 宏都拉斯卓越盃亞軍莊園

Opalaca-Intibucá · 歐帕拉卡，宏國西部咖啡（HWC）八個次產區之一

Opalaca · 歐巴拉卡，宏都拉斯六大產區之一

Orange Bourbon · 橘色波旁種

Orange Honey · 橘蜜處理，咖啡處理法之一

Ordinary · 一般或普通

Orsir Coffee （Taiwan） · 歐舍咖啡

Orsir Direct Trade · 歐舍直接關係咖啡

Overall · 整體評價

Overripe Dark Color · 咖啡果實略過熟而風味仍正面，顏色會由正紅轉深紅，或稱酒紅或紫紅色果實

P

Pacamara · 帕卡馬拉種，屬大顆粒種，由帕卡斯與馬拉葛西皮人工配成
Pacamara · 帕卡馬拉莊園，薩爾瓦多亞軍莊園
Pacas · 帕卡斯，咖啡品種
Pacho Viejo · 帕秋 · 韋衣荷，地名
Palencia · 帕蘭西亞，瓜地馬拉地名，咖啡產區
Palmyra · 帕米拉，翡翠莊園旗下的品牌
Panacoffe Special · 巴拿馬 · 帕納咖啡園
Pantaleon-Mocca · 小顆摩卡種
PARANÁ · 巴拿那州，巴西咖啡生產區，位於南方
Parchment Bean · 咖啡帶殼豆
Parchment · 帶殼豆的外殼，也譯做羊皮紙層
Pasto · 帕斯托，哥倫比亞城市名，位於納麗紐省（Narino）
Patricia Contreras · 派翠西亞，曾於璜內提優咖啡實驗站工作的學者
Paul Songer · 保羅 · 桑格，美國咖啡界名人，卓越盃主審
Peaberry · 圓豆——咖啡果實內僅有單顆種子叫圓豆，果實內通常為兩顆
Pedregal · 比佩德尬，哥倫比亞地名
PH · 酸鹼值
Pico de Orizaba · 奧里薩巴山，墨國最高峰〔即西踏拉鐵貝山（Citlaltépetl）〕
Pil · 皮爾，全名 Pil Hoon Seu，韓國知名店家 Coffee Libre 老闆
Pineapple · 鳳梨
Pink Bourbon · 粉紅色波旁種
Planalto da Bahia · 巴伊亞高原，位於巴西巴伊亞州
Pleasant Flavor · 愉悅的風味
Poor · 貧瘠
Popayan · 波帕楊，哥倫比亞咖啡集散地
Pouring · 注水
Pre-Dry · 預先乾燥程序，以陽光或烘乾機器進行，常用於咖啡後處理
Premium Picking · 頂級摘採法
Price Peterson · 普來斯 · 彼德森，翡翠莊園主人
Procafe · 普羅咖啡，位於薩爾瓦多
Procedures for Cupping · 專業杯測程序
Process · 處理法

P

Protected Geographical Indication · 受保護的地理標誌，簡稱 PGI-Protected

Prune · 修枝

Puca · 布卡，宏國西部咖啡（HWC）八個次產區之一

Puebla · 普埃布拉，墨西哥產區

Pulped Natural · 去皮乾燥處理法，簡稱 PN 法，本處理法發源於巴西

Pulped · 去果皮，去除咖啡果實外皮

Q

Quality Control · 品質控管

Quickly Processed · 指摘採果時候進行快速製作

Quindío · 金迪奧，哥倫比亞咖啡產區

R

Rachel Peterson · 蕾秋 · 彼德森，翡翠莊園第三代

Rainforest Alliance Certified · 雨林聯盟認證

Rainforest Cobán · 柯班 · 雨林，瓜地馬拉八大產區之一

Ralph de Castro Junqueira · 瓦赫 · 卡斯特羅 · 瓊恩啓達，巴西 TBS 莊園主的第二代

Raspberry · 覆盆子

Red Bourbon · 紅色波旁種

Red Coffee Cherry · 成熟咖啡果肉的風味

Red Color Ripe 100% · 指咖啡果實100% 紅透

Red Currant · 紅醋栗

Reinel Lasso · 雷內納所，哥倫比亞希望莊園栽種者

Reserva Picking · 珍藏摘採

Reserve Lot · 精選批次

Rest · 靜置

Riada · 西阿達，負面味道，巴西生豆分級之一

Ricardo Koyner · 黎卡多 · 科以納，卡托瓦莊園主

Rich · 豐富

Rick Reinheart · 瑞克 · 林赫，SCAA 執行長

Rio Zona · 里約松那，負面味道，巴西生豆分級之一

Rio · 里約，俗稱里約臭，巴西生豆分級之一

Ripe no Pinton · 摘採正熟成的咖啡果
Roasted Coconut · 指烤椰子粉的風味或香氣
Roasters Guild Cupping Pavilion · 美國烘豆聯盟的年度杯測競賽
Roast degree · 表示咖啡的烘焙度
Robusta · 羅姆斯達種，咖啡因比阿拉比卡種高、風味較粗糙、樹種較耐熱、耐病害
RONDÔNIA · 朗多尼亞州，巴西州名
Round · 回合，通常用於杯測或競賽，表示某一階段的的競賽
Round · 圓潤
Royal Coffee · 羅伊咖啡，美國知名生豆商
Rudolph A. Peterson · 魯道夫 · 彼德森，翡翠莊園的第一代主人
Rume Sudan · 羅米蘇丹，咖啡品種

S

Samaniego · 莎馬葉果，哥倫比亞城鎮名
Sample · 咖啡樣品
San Antonio · 聖安東尼莊園，位於哥倫比亞納麗紐省的聯合鎮（La Union）
San Carlos · 聖卡洛斯莊園，本書指薩爾瓦多咖啡農聶多的莊園與處理場
San Jan Stegatepac · 盛璜 · 西提尬提貝，瓜地馬拉產區
San Jose · 聖荷西，本書指咖啡莊園名或批次名稱
San Miguel · 聖米蓋，薩爾瓦多東部產區
San Salvador · 聖薩爾瓦多，薩國首都
Santa Ana · 薩爾瓦多聖安娜火山或聖安娜區
Santa Barbara · 聖芭芭拉，宏都拉斯咖啡產區
Santa Martha · 聖瑪莎莊園，宏都拉斯 2006 年卓越盃冠軍莊園
SÃO PAULO · 聖保羅州，巴西傳統咖啡生產區
Sasha · 沙夏，人名
SCAA · 美國精品咖啡協會
SCAE · 歐洲精品咖啡協會
SCAJ · 日本精品咖啡協會
SCAP · 巴拿馬精品咖啡協會（Specialty Coffee Association of Panama），簡稱 SCAP
Scott Reed · 史考特 · 裡德，美國生豆商，曾任職於微風貿易，羅伊咖啡
Screen · 目數，表生豆尺吋，1 目= 1/24 英吋

S

Section · 競賽場次，每回合內的競賽場次，例如 Round one Section Two（第一回合的第二場）

Semi-Washed · 半水洗法，與PN法、蜜處理法系出同門

Shade Grown Coffee · 遮蔭栽種的咖啡

Shade Tree · 遮蔭樹

SHG · 嚴選高級品（Strictily High Grown），栽種高度為一二二一公尺以上，咖啡分級之一

Short Berry · 外型呈現短顆狀的咖啡豆，或用在咖啡生豆分類

Sidamo · 西達摩，衣索匹亞咖啡產區

Single Farm · 單一莊園，指同一莊園生產的咖啡

Single Origin · 單一產區，指同一產區生產的咖啡

SL28 · 咖啡品種，肯亞代表性的品種

Soaking Rest · 泡水靜置，常用於水洗處理法

Sociedad Cooperativa Ahuasanta · 阿瓦善達合作社，薩爾瓦多咖啡合作社

Softish · 還算柔和，巴西生豆分級之一

Soft · 柔和，巴西生豆分級之一

Soil · 土壤

Sonsonate · 松松那提，薩爾瓦多地名

Spicy · 香料

Spread · 展開

Square Mile · 平方英里咖啡，英國知名烘豆商

Std. Honey · 標準蜜處理，咖啡處理法之一

Strawberry · 草莓

Strictly Soft · 極柔和，巴西生豆分級之一

Stumptown · 樹墩城咖啡，崛起於美國波特蘭的精品咖啡店

Sugars Formed · 指咖啡果實的甜分組成

Sul de Minas · 南米納斯州，巴西名產區

Sun Dried-Patios · 水泥地日曬或用塑膠布鋪地日曬

Susie Spindler · 蘇西 · 史賓德勒，卓越咖啡競賽（CoE）暨卓越咖啡組織（ACE）創辦人兼執行長

Sweet Maria · 甜瑪莉，美國網路知名生豆商

Sweetness · 甜度

S · 標準品（Standard），也指咖啡分級，栽種高度為六一〇至九一五公尺

T

Taint · 污損，指咖啡負面味隕及乾淨度
Tanzania · 坦尚尼亞，位於非洲，茵赫特莊園亦有一生產區塊取名坦商尼亞
TBS · 三山河莊園，巴西
TDS · 溶解性的固體總量，全名為 Total Dissolve Solids
Tea Notes · 茶感
Terroir Coffee · 風土咖啡，位於美國波士頓，名人喬治豪爾創立
The Best Espresso · 最佳濃縮咖啡，台灣國際咖啡交流協會舉辦的年度大賽之一
The Cordilleras Occidental, Central and Oriental, Pacific, Atlantic, Central and East · 指哥倫比亞境內安地斯山脈的走向與分佈，被太平洋、大西洋、中部與東部山脈區分為四大區塊
Tim Wendelboe · 提姆 · 溫德博，WBC 世界冠軍，挪威知名咖啡業者
Timor · 帝摩，咖啡品種
Tobacco · 雪茄味，屬正面風味
FNC · 哥倫比亞國家咖啡局
Toffee-Banana · 香蕉太妃糖
Tolima · 托利馬，哥倫比亞省分，亦為咖啡產區
Top 10 · 頂尖前十名，指卓越盃最後一天的總決賽
Top Jury Descriptions · 指卓越盃國際評審主要的杯測描述語
Traceability · 可追溯到源頭的咖啡
Traditional Atitlán · 阿提特蘭湖，瓜地馬拉八大產區之一
Traditional Fully Washed · 傳統水洗法，即濕處理法（Wet Processed Method）
Trinidad E. Cruz · 崔里達茲 · 克魯茲，瓜地馬拉聖費麗莎莊園創辦人
Typica · 梯匹卡種，或譯做鐵皮卡

U

Ultimate Care Processing · 嚴格的採收後處理工序
Umami · 鮮美
Un Regalo de Dios · 天賜莊園，尼加拉瓜
Unacceptable · 無法接受

U

Unicafe · 聯合咖啡組織，尼加拉瓜咖啡生產者組織

UNICEF · 聯合國兒童基金會——巴拿馬國家局

USAID · 美國國際發展署

Usulután · 烏蘇魯但，薩爾瓦多產區

Uz Tak · 伍茲 · 塔克，非營利咖啡組織

V

Valle de Cauca · 考卡山谷，哥倫比亞咖啡產區

Vanilla · 香草

Velvety Sweet Taste · 指咖啡口感有絲絨般的甜度

Veracruz · 韋拉克魯斯，墨西哥產區

Viscous · 有黏度，指咖啡的觸覺有黏度

Vitória · 維托利亞，巴西出口港之一

Volcan · 博洛坎，巴拿馬著名的高海拔咖啡產區

Volcan Acatenango · 阿卡提蘭夠火山，瓜地馬拉火山

Volcan de Fuego · 火火山，瓜地馬拉火山

Volcanic San Marco · 聖馬可士火山，瓜地馬拉八大產區之一

Washed · 清洗，也指水洗法

Watermelon · 甜瓜

WBC · 世界咖啡師大賽，全名為：World Barista Championship

White Honey · 白蜜處理，咖啡處理法之一

Wilford Lamastus · 威弗 · 拉莫斯提斯，巴拿馬艾麗達莊園主

Winey · 酒香

World Roaster & Barista Cup · 世界烘豆暨咖啡師大賽，台灣國際咖啡交流協會主辦

Yassica Norte Tumala de Dalia · 北雅西卡 · 都馬拉，尼加拉瓜地名

Yellow Bourbon · 黃色波旁種

Yirgacheffe · （音為：壓尬恰非），譯做耶加雪夫或耶加雪菲，衣索匹亞知名產區

いっこじん · 《一個人雜誌》，日本雜誌名

國家圖書館出版品預行編目(CIP)資料

尋豆師：國際評審的中南美洲精品咖啡莊園報告書 / 許寶霖著. -- 第一版. -- 臺北市：寫樂文化, 2014.06

面； 公分. -- (我的咖啡國；2)

ISBN 978-986-90280-4-2(平裝)

1.咖啡 434.183 103010619

我的咖啡國02

尋豆師

國際評審的中南美洲精品咖啡莊園報告書

作者 許寶霖

編輯 韓嵩齡、莊樹穎

特約編輯 陳秀娟

校對 韓嵩齡、莊樹穎、許寶霖、陳秀娟

封面設計 犬良工作室

內文排版 頂樓工作室

行銷統籌 吳巧亮

行銷企劃 陶怡靜

出版者 寫樂文化有限公司

創辦人 韓嵩齡、詹仁雄

發行人兼總編輯 韓嵩齡

發行業務 高于善

發行地址 106 台北市大安區四維路14 巷4-1 號

電話 (02) 6617-5759

傳真 (02) 2701-7086

劃撥帳號 50281463

讀者服務信箱 soulerbook@gmail.com

總經銷 時報文化出版企業股份有限公司

公司地址 台北市和平西路三段240 號5 樓

電話 (02) 2306-6600

傳真 (02) 2304-9302

第一版第一刷 2014 年6 月 27 日

ISBN 978-986-90280-4-2

The
Bean
Seeker

The
Bean
Seeker